圆盘挖掘式
甜菜联合收获机的研制

王方艳　著

北　京
冶金工业出版社
2020

内 容 简 介

本书共8章,主要内容包括绪论、甜菜联合收获机的总体设计及配置方案、甜菜移栽种植农艺与相关特性、挖掘装置的设计及分析、导向系统的设计及试验研究、输送清理装置的设计及仿真分析、甜菜联合收获机的田间工作性能试验及改进、结论及建议等。书中内容对甜菜机械化生产及收获装备的研发具有较强的指导作用。

本书可供农业机械研究、设计与制造的工程技术人员阅读,也可作为设备用户和农机推广的培训用书,并可供从事甜菜生产、科研和管理人员参考。

图书在版编目(CIP)数据

圆盘挖掘式甜菜联合收获机的研制/王方艳著.
—北京:冶金工业出版社,2020.9
ISBN 978-7-5024-6889-7

Ⅰ.①圆… Ⅱ.①王… Ⅲ.①甜菜—联合收获机
Ⅳ.①S225.7

中国版本图书馆 CIP 数据核字(2020)第 166620 号

出 版 人 苏长永
地 址 北京市东城区嵩祝院北巷 39 号 邮编 100009 电话 (010)64027926
网 址 www.cnmip.com.cn 电子信箱 yjcbs@cnmip.com.cn
责任编辑 杜婷婷 美术编辑 郑小利 版式设计 禹 蕊
责任校对 王永欣 责任印制 李玉山
ISBN 978-7-5024-6889-7
冶金工业出版社出版发行;各地新华书店经销;三河市双峰印刷装订有限公司印刷
2020 年 9 月第 1 版,2020 年 9 月第 1 次印刷
169mm×239mm;14 印张;268 千字;209 页
86.00 元

冶金工业出版社 投稿电话 (010)64027932 投稿信箱 tougao@cnmip.com.cn
冶金工业出版社营销中心 电话 (010)64044283 传真 (010)64027893
冶金工业出版社天猫旗舰店 yjgycbs.tmall.com
(本书如有印装质量问题,本社营销中心负责退换)

序

甜菜种植起源于欧洲，适合于在北纬65°到南纬45°之间的冷凉地区种植，是世界上重要的制糖原料。中国甜菜种植经过100多年的培育及改良，形成了一套相对成熟的种植栽培体系和相对稳定的甜菜春播区与夏播区。甜菜种植正在由分散种植逐步向规模化经营、由人工种植向机械化方向、由粗放管理向精细化方向发展。甜菜作为优良的耐盐碱和中低产田的作物，已成为地方财政收入及农民脱贫增收的主要经济作物。随着农业产业结构调整及比较效益的逐渐突显，甜菜作为糖原料的填补品具有较好的发展前景。

中国甜菜种植区域广泛、跨度大，土壤、气候、种植栽培方式存在较大差异，但主产区主要分布在东北、华北和西北三大产区。在目前甜菜生产过程中，作为最主要生产环节之一的收获环节是各地甜菜机械化生产面临的最主要的短板，收获用工量大、劳动强度高、收获机具缺乏、收获技术落后等问题凸显。在当前劳动力结构资源性短缺条件下，有效解决机械化收获是实现甜菜规模化、专业化和商业化生产的重要前提条件，对提高甜菜的生产效益、推进当地农村区域经济发展具有重要的现实意义。国内现有的甜菜收获机械以中小型为主，型号与规格较少，性能不够稳定，整体技术水平和理论储备不足。引进的国外机具需要全程的配套装备，多适于甜菜的大规模标准化种植地块，且价格昂贵，无法满足我国多样化种植及大部分中小规模种植户的实际需求。因此，加快实现我国甜菜收获机械化作业，是保证我国甜菜制糖产业稳定、促进食糖产业可持续健康发展的有效技术途径。

本书是作者在从事甜菜收获技术及装备研发的基础上，融合多年根茎类作物生产机械化装备研发经验而撰写的一本关于甜菜联合收获技术与机具的学术著作。本书全面系统地阐述了甜菜生产面临的机遇和挑战，归纳了甜菜生产的机械化历程及未来发展趋势，针对我国甜菜机械化收获存在的问题，从农机农艺融合的角度，提出了甜菜联合收获机具的设计理念，并以理论分析、仿真分析及试验优化为重点，研制了一种圆盘挖掘式甜菜联合收获机。本书资料翔实、内容系统丰富，研究思路和方法清晰，成果代表性强，对各地甜菜生产、机械化装备研发具有指导作用，也可用做农机企业机具研发及科教人员学习的参考资料。

中国农业大学教授　张东兴

2020 年 3 月

前　言

甜菜是重要的糖原料，在我国东北、华北和西北地区广泛种植。除了甘蔗外，甜菜是我国另一种重要的制糖原料，具有较好的发展前景。但受当前劳动力短缺和有效收获机具匮乏的影响，甜菜机械化收获水平已成为制约甜菜全程机械化生产的技术"瓶颈"。实现甜菜的机械化收获，解决甜菜收获过程中费时费工、成本高的问题，已经成为当前甜菜产业发展的重要任务。

国外对甜菜收获机械及技术的研究较早，已实现了甜菜收获的机械化作业，并以大型、高效、自动化为主要特征。我国甜菜收获机械研究起步比较晚、投入不足，拥有的理论知识储备和自主研发机具偏少。引进的国外收获装备及技术不适应我国甜菜品种、种植制度、种植方式及农机动力配置状况。目前，我国甜菜收获的机械化水平较低。作者在研究国内外甜菜收获技术及农机装备的基础上，结合我国甜菜种植模式和生产体制，对甜菜收获机械的关键装置进行了理论分析及试验研究，确定了甜菜联合收获的技术模式、关键技术理论及机构形式，并重点对导向系统、挖掘装置和输送清理装置进行了结构设计和参数优化，实现了甜菜块根的挖掘、输送、清理和收集工序的机械化作业，有效解决了甜菜收获机械化的关键技术难题，提升了收获机具的技术水平。

本书立足甜菜种植农艺及机械化生产实际需求，采用理论分析与试验研究相结合、部件设计与整机研究相融合的方法，研制了一种牵引式甜菜联合收获机。

　　在本书编写过程中，作者力求资料翔实、图表规范、内容系统全面、设计分析可靠。但由于作者水平所限，加之甜菜收获技术及装备研究繁杂及其发展日新月异，书中难免存在不妥之处，敬请专家及广大读者批评指正。

作　者

2020 年 3 月

目　　录

1 绪 论

1.1 问题的提出

甜菜，藜科，又名恭菜、莙荙菜，喜温、耐旱、耐寒、耐碱性，适应性和抗逆性较强，主要分布在北纬65°到南纬45°之间的冷凉地区，以欧洲最多，北美洲次之，亚洲位于第3位，南美洲最少。其中，欧洲甜菜种植面积占世界甜菜种植面积的70%，亚洲种植面积约占世界甜菜面积的17%。俄罗斯是世界最大的甜菜生产国，最高年产量约达 $55 \sim 65t/ha$（$1ha = 10000m^2$）。目前，甜菜的种植面积约占糖料作物的48%，仅次于甘蔗，居第2位，是经济价值较高的作物。甜菜及其副产品已成为人民生活不可缺少的营养物质，食品工业、饮料工业和医药工业的重要原料，对提高当地经济水平和改善国家膳食结构有着重要的作用。近几年，随着国际需糖量的增加，世界甜菜种植面积和产量有了一定的提高。据联合国 FAO 数据库统计，2012 年世界甜菜种植面积为 $5.1 \times 10^6 hm^2$、产量为 $2.8 \times 10^8 t$，比 2008 年增幅分别为 13.3%、21.73%；2017 年世界甜菜种植面积为 $5.1 \times 10^6 hm^2$、产量为 $3.1 \times 10^8 t$，比 2013 年增幅分别为 13.3%、20.6%。2012 年我国甜菜种植面积为 $2.15 \times 10^5 hm^2$、产量为 $1.17 \times 10^7 t$，比 2007 年增幅 9.19%、31.45%。2017 年我国甜菜种植面积为 $1.74 \times 10^5 hm^2$，产量为 $9.38 \times 10^6 t$，比 2013 年增幅-4.3%和 1.34%。2007~2017 年世界主要国家甜菜种植面积及产量见表 1-1 和表 1-2。2007~2018 年我国甜菜主产区种植面积及产量见表 1-3 和表 1-4。由表可见，俄罗斯联邦、法国、美国、波兰、德国和中国等国家的甜菜种植面积和产量较多。世界甜菜种植面积稳定、产量呈稳步上升趋势。我国甜菜种植面积波动较大，2008~2012 年甜菜种植面积和产量有所增加，但 2017 年比 2012 年分别下降 19.06%、19.8%。2018 年我国甜菜种植面积增加到 $2.16 \times 10^5 hm^2$，产量为 $1.12 \times 10^7 t$，但单产量下降了 3%。在甘蔗面积已基本达到饱和的情况下，甜菜作为未来食糖需求的主要填补品具有很大的发展空间。

表 1-1 2007~2017 年世界主要国家甜菜种植面积 （$\times 10^3 hm^2$）

年份	俄罗斯	法国	美国	德国	土耳其	波兰	乌克兰	埃及	中国	英国
2007	987.80	393.13	504.57	402.70	298.87	247.43	577.00	104.33	215.94	125
2008	799.95	349.26	406.51	369.30	320.73	187.48	377.20	108.22	246.45	119.65

续表 1-1

年份	俄罗斯	法国	美国	德国	土耳其	波兰	乌克兰	埃及	中国	英国
2009	770.18	373.63	464.79	383.60	323.97	199.94	319.70	111.13	186.29	114
2010	923.76	383.76	467.86	364.12	328.65	206.23	492.00	134.54	218.74	118.49
2011	1216.24	391.19	490.97	398.10	293.84	203.51	515.80	152.00	226.57	112.72
2012	1102.00	382.68	487.29	402.10	208.19	212.02	448.90	177.98	235.78	120.08
2013	889.51	393.60	467.01	357.40	290.91	193.67	270.45	193.41	181.84	117.0
2014	905.41	407.15	463.90	372.50	287.46	197.64	330.20	211.81	138.78	116.3
2015	1006.51	385.08	463.53	312.80	275.26	180.12	237.00	233.17	96.00	90
2016	1092.02	402.68	455.84	334.50	321.95	203.39	291.10	235.19	154.00	860
2017	1174.72	387.88	450.87	406.70	338.83	231.72	313.60	236.73	174.00	111

表 1-2　2007~2017 年世界主要国家甜菜产量　　　　　（×10⁷kg）

年份	俄罗斯	美国	法国	德国	土耳其	乌克兰	波兰	埃及	中国	英国
2007	2883.62	3191.20	3322.98	2513.91	1241.47	1697.77	1268.16	545.82	893.12	673.30
2008	2899.53	2438.60	3032.12	2300.26	1548.83	1343.77	871.51	513.26	1004.38	764.10
2009	2489.20	2701.87	3516.03	2591.90	1727.47	1006.75	1084.92	533.35	717.90	845.70
2010	2225.59	2906.08	3187.49	2343.19	1794.21	1374.90	997.26	784.03	929.62	652.75
2011	4764.33	2621.40	3794.49	2957.75	1612.65	1874.00	1167.42	748.61	1073.08	850.40
2012	4505.69	3195.47	3307.74	2768.68	1491.99	1843.89	1234.95	912.61	1174.04	729.11
2013	3932.12	2974.57	3363.05	2282.87	1648.86	1078.94	1123.42	1004.43	925.98	843.00
2014	3351.34	2838.13	3784.46	2974.81	1674.30	1573.41	1348.89	1104.56	800.04	931.00
2015	3903.05	3208.80	3350.77	2257.20	1646.20	1033.08	936.45	1198.29	508.80	621.80
2016	5136.68	3345.79	3379.49	2549.72	1946.55	1401.13	1352.38	1120.92	854.50	568.70
2017	5193.39	3204.63	3438.11	3405.99	2082.83	1488.16	1573.30	1210.67	938.40	891.80

表 1-3　2007~2018 年我国甜菜主产区种植面积　　　　　（×10³hm²）

年份	黑龙江	吉林	辽宁	内蒙古	河北	山西	新疆	宁夏	青海	山东	江苏
2007	90	2.67	1.31	40.7	15.68	5.25	62.98	0.09	0.21	0.01	0
2008	90.4	6.45	1.98	46.95	15.69	6.53	44.4	0.03	0	0.07	0
2009	63.87	2.04	1.81	31.15	12.52	4.64	40.26	0.02	0.03	0.03	0.02
2010	77.86	35.77	1.07	33.33	14.07	5.59	44.84	0.03	0.03	0.01	0.09
2011	82.02	3.95	1.73	35.85	11.49	7.44	42.44	0	0.01	0	0
2012	72.95	5.01	1.87	38.73	12.18	8.54	45.28	0	0	0	0.04
2013	38.57	1.63	3.17	40.75	12.49	4.62	32.94	0	0.01	0	0.03

年份	黑龙江	吉林	辽宁	内蒙古	河北	山西	新疆	宁夏	青海	山东	江苏
2014	10.24	1.27	2.03	34.43	11.05	1.76	31.84	0	0.04	0	0.01
2015	2.05	0.36	1.73	43	11.64	1.19	32.04	0	0.01	0	0.04
2016	3.26	0.18	1.83	67.3	12.14	0.53	63.94	0	0.03	0	0.01
2017	9.35	0.68	2.03	82.72	12.2	0.13	61.06	0	0.01	0	0.02
2018	12.04	0.64	2	122.04	18.13	0.03	57.26	0	0.02	0	0.02

表 1-4　2007～2018 年我国甜菜主产区产量　　　　　　　　　　　（×10^{7}kg）

年份	黑龙江	吉林	辽宁	内蒙古	河北	山西	新疆	宁夏	青海	山东	江苏
2007	237.23	4.77	5.05	171.49	53.08	21.32	380.49	0.31	0.69	0.01	0
2008	260	22.07	7.33	192.77	59.38	24.02	266.82	0.05	0	0.17	0
2009	110	5.75	6.08	103.7	30.73	15.39	253.09	0.01	0.06	0.09	0.03
2010	175	69.45	4.89	145.07	48.98	25.12	275.84	0.04	0.02	0.1
2011	274.98	12.83	7.74	141.42	42.79	20.46	275.8	0.01	0.01	0.01	0
2012	273.12	15.75	9.73	149.41	51.06	40.72	310.06	0	0.02	0.01	0.04
2013	123.17	4.45	17.07	161.26	56.92	20.5	217.7	0	0.02	0.01	0.03
2014	41.06	4.35	10.08	143.94	54.79	6.51	219.15	0	0.1	0	0.01
2015	7.29	0.85	5.18	200.49	60.57	5.48	210.12	0	0.03	0	0.07
2016	11.39	0.88	9.35	268.36	60.44	3.24	476.11	0	0.02	0	0.02
2017	37.37	2.59	10.7	344.34	62.49	0.64	448.27	0	0.03	0.01	0.02
2018	52.95	2.52	11.81	515.88	94.11	0.12	424.73	0	0.02	0	0.02

我国从 1906 年开始大面积引种糖用甜菜，至今已有 100 余年的历史。甜菜作为优良的耐盐碱作物和中低产田的作物，制糖量约占我国糖总产量的 17%。随着良种培育和栽培技术的发展，我国甜菜种植已经形成了相对稳定的甜菜春播区（东北、华北、西北）和夏播区（山东、苏北、陕西、山西及河北南部），并形成东北（黑龙江、吉林、辽宁、内蒙古东部）、华北（内蒙古中西部、山西、河北）和西北（新疆北疆、甘肃河西走廊、宁夏黄灌区、青海部分地区）三大种植产区，同时结合甜菜产业结构建造了较多的中小型制糖厂。春播区甜菜种植面积占全国甜菜总面积的 95% 以上，主要分布在北纬 35°～48°、东经 80°～132° 之间。黑龙江、吉林、内蒙古、辽宁构成的东北区是全国最大的甜菜产区，机械化发展速度较快、潜力大，2018 年种植面积和产量分别约占全国甜菜总量的 57.3% 和 53%。该区域甜菜生育期日照时数为 1000～1100h，降雨量为 350～600mm，无霜期 113～179d，多采用一年一熟制的垄作条播栽培，每亩种植密度为 4000～7000 株。内蒙古中西部、山西、河北构成的华北区的种植面积及产量仅次于东北区，并有逐步增加趋势。该区

域甜菜生育期日照时数为 1300～1400h，降雨量为 300～370mm，无霜期为 147～169d，以平作条播为主，种植密度为 6000～8000 株。新疆北疆、甘肃河西走廊、宁夏黄灌区、青海部分地区构成的西北区是在 20 世纪 60 年代发展起来的，甜菜生产的机械化水平高，将是中国甜菜的主要产区。该区甜菜产量及含糖量高，生育期日照时数为 3000～3400h，降雨量为 200～350mm，无霜期为 180d，以平作条播为主，种植密度为 5000～6000 株。夏播区甜菜种植多为二年三熟或一年二熟，主要在北纬32°～38°，如山东半岛、苏北、山西运城等地。因该甜菜种植区域气温温差小，甜菜含糖量低，因此种植面积逐渐减少。随着全国产业结构调整及农业结构优化，甜菜主产区逐渐由东北向西北转移，并集中于黑龙江、新疆和内蒙古三省，且该产区的种植面积和产量占全国的 90%。目前，甜菜因抗盐碱、耐瘠薄，已成为我国"三北"地区的主要经济作物，且种植效益远大于玉米、大豆等作物。我国甜菜单产量约为 38t/hm²，平均含糖量约为 14%～17%，与国际甜菜种植水平还有很大的距离（产量 55～80t/hm²，平均含糖量约为 16%～20%）。因此，大力发展甜菜生产对我国的经济增长有着深远的意义。

近年来，随着甜菜种植技术的推广与普及，甜菜产区的种植形成了平作、垄作和地膜栽培 3 种模式，并普遍采用甜菜直播栽培（露地直播和覆膜直播）和甜菜纸筒育苗栽培（平地移栽、覆膜移栽和起垄移栽）模式。甜菜直播要求播种深度一致，覆土良好无漏籽，镇压后播种深度为 20～25mm，可分为垄上播、平播或平播后起垄，关键在于甜菜的保苗。纸筒育苗移栽株距以 180～220mm 为宜，密度不少于 10 万株/hm²，主要采用半机械化移栽，具有栽后缓苗短、成活率高等优点。地膜覆盖种植比直播可提早 5～10d 播种，主要用于新疆、内蒙古等降水量少、干旱失墒的地区，可分为单行、双行覆膜技术，需配合膜下滴灌技术应用。目前，与甜菜直播栽培相比，纸筒育苗栽培方式能够延长甜菜生长期 30d 以上，增强保苗率和抗耐性，可达到增产、增糖的效果，是风灾、干旱、盐碱化严重等地区的首选栽培模式。纸筒育苗栽培有利于营造甜菜生长发育的小环境，增强抗病害的能力，可增产 30%、提高含糖 0.7～1.5 度，已经被种植户看好，并在东北区和华北区得到试点和应用。虽然当前纸筒育苗栽植可用人工移栽、半机械化移栽和全自动机械移栽方式，但纸筒育苗栽培的甜菜生长状态受栽植情况影响大且存在差异，收获时甜菜块根尺寸、种植位置多样，对甜菜的机械化生产提出了挑战。由于高性能收获装备的匮乏以及劳动力资源的短缺，目前直播栽培面积逐年增加，并有替代纸筒育苗栽培的趋势。甜菜收获是甜菜生产的重要过程，劳动强度大、占用农时多，不仅关系到块根产量，更影响到块根的含糖量及杂质含量，是保证甜菜增产增收的关键环节。收获过早，甜菜的产量低、品质差，含有的非糖物质多，且出糖率低；收获过晚，甜菜容易受冻害、保藏困难，还会影响秋耕整地、秋冬灌及后茬作物的生长。由于甜菜挖掘和捡拾等作业的季节性强，投入工时较多（几乎占甜菜生产用工量的一半），收获环节已经成为制约我国甜菜种植业发展的最大瓶颈，使甜菜种植面积由 2003 年的 $2.48 \times 10^5 \mathrm{hm}^2$ 逐年减少为 2009 年的 $1.7 \times 10^5 \mathrm{hm}^2$。近几年，随着甜菜育种栽培技术的发展和国际糖价的提升，种植甜菜的经济效益逐渐突显，使得甜菜种植面积有所增加，2012年达到了 $2.35 \times 10^5 \mathrm{hm}^2$，但是伴随着劳动力价格的上涨和收获期用工难等问题的出现，2017 年甜菜种植面积又减少为 $1.74 \times 10^5 \mathrm{hm}^2$。实现甜菜的机械收获已经迫在眉睫。甜菜种植面积和单产情况如图 1-1 所示。

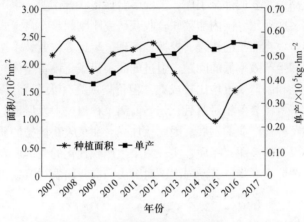

图 1-1 甜菜种植面积和单产

机械化生产是实现现代化农业生产的重要手段，是实现规模化、专业化和商业化生产的重要保证，对解决劳动力的结构资源性短缺，提高甜菜的生产效益，发展当地农村区域经济具有重要的现实意义。我国甜菜生产集中于东北、西北等经济欠发达地区，多采用半机械化管理模式。耕整地多采用深耕犁或深松机实现土壤的上翻下松及土壤松碎，改善土壤颗粒形状。中耕管理环节沿用了其他作物的通用设备，如中耕施肥机、喷药机等，实现颗粒肥施入土及起垄除草等作业。种植移栽及收获升运环节，是制约甜菜生产过程的关键环节，也是用工较多、劳动强度较大的生产工序。近年来，我国成规模的各地农场及糖厂引入了国外先进的播种机、收获机等，如美国满胜的气力式播种机、格兰的气吸精密播种机、库恩的多功能联合整地机、德国荷马的联合收获机等，在一定程度上提高了甜菜生产的机械化水平。但引进的国外机具需要全程配套装备，多适于甜菜的标准化种植地块，无法满足我国多样化种植条件及大部分零散种植户的使用要求。据统计，甜菜生产用工比较多，影响甜菜生产的比较效益，通常用工量比玉米高 47%～58%，比大豆高 91%～156%，比小麦高 72%～82%。2010 年，全国劳工上涨 4～5 倍，甜菜生产成本逐渐增加，相对其他作物的比较效益逐渐减少，占甜菜生产成本 40% 以上的收获环节已成为制约甜菜全程机械化的关键因素及发展瓶颈。在劳动力短缺、种植规模扩大及国际糖价波动的形势下，实现甜菜机械化收获作业，是提高甜菜种植效益和产量效益的重要途径，也是保证我国甜菜制糖产业稳定、促进食糖产业可持续发展的有效措施。尤其实现甜菜的机械化收获，是发展甜菜全程生产机械化、解决现代产业发展问题的关键。目前，国内现有的甜菜生产机械以小型机具为主，机械型号与规格较少，性能不够稳定，整体技术水平和理论储备还不够，存在机械作业和机具研发的薄弱环节。甜菜收获需要经过挖掘、切顶、清理、捡拾及装运工序，既费时费工又耗能，有分段收获和联合收获两种方式，是甜菜生产过程中的重要环节。分段收获方式仅能完成甜菜收获的部分工序，需要多台设备联合作业，生产效率低于联合收获，且对土壤多次碾压。国内甜菜联合收获研究刚刚起步，自走式甜菜联合收获机还是空白，力争攻克甜菜的切缨、挖掘、清理、装运等作业技术瓶颈，解决甜菜收获劳动力短缺和生产效率低的问题。引进的甜菜机械化设备整体功率大、自动化程度高，技术性能和制造质量均比较成熟，但价格太高（大多上百万元），农民难以接受。甜菜收获机械装备相对落后，与当前甜菜种植技术发展形势极不适应，已经制约了我国甜菜种植产业的发展。因此，加强对甜菜收获机械的研发，实现甜菜生产机械化，不仅是提高甜菜品质、实现甜菜生产现代化的关键所在，而且有利于提高生产率、节约劳力和降低劳动强度，对解决当前我国农村劳动力资源的结构性短缺意义重大。

1.2 甜菜种植方式及农艺

我国甜菜种植历史久远，种植区域广泛、跨度大，生育期的积温为 2800～3200℃（10℃以上），土壤、气候、种植栽培方式存在较大差异。随着甜菜高产、高糖良种选育和模式化栽培技术的研究和示范推广，甜菜种植产业已形成了一套相对成熟的种植栽培体系，有力地支撑了甜菜产业的发展。当前，甜菜种植已由原来的分散种植向规模化经营发展，人工种植向机械化方向发展，粗放管理向规模化、精细化方向发展。博天、中粮等集团资本的大量投入，使得甜菜生产从整地到播种基本实现了机械化；随着增温节水技术的发展，华北地区主要采用地膜覆盖技术，西北地区积极推广膜下滴管技术。农艺技术影响着甜菜产量、含糖量及生产损失。农机农艺融合是实现甜菜生产机械化作业的必经之路。标准化的精耕细作及田间管理模式，为甜菜的机械化生产提供了基础。

根据耕作形式，甜菜产区的种植主要分为平作、垄作和畦作。

（1）平作。平作主要适用于地势平坦、蒸发面积小、灌溉条件好、适于精耕细作的地区，是我国华北和西北甜菜区普遍采用的栽培方式。平作耕作方式便于破除土壤板结层，利于甜菜出苗，栽植行距较窄，行距一般为 500mm，每亩种植密度为 6000～7000 株。这种栽培方式地面平整、蒸发面积小，有利土壤保墒，但不利排水，雨后或灌水后土壤易板结；与垄作相比省工，在轮作时可以不受原来行距限制，合理密植，便于实现机械化作业，如采用机械播种和断簇的间苗机；在干旱地区平作比垄作具有更好的增产效果。

（2）垄作。垄作是我国东北和内蒙古甜菜种植区主要的耕作形式，一般行距为 600~650mm，垄高为 120~150mm。这种形式适合于无霜期短、气候冷凉、夏季多雨的自然条件；土壤受热面积大，比平作的地温高且延长生育期 12d，增加有效积温，通透性好，有利于排水和出苗；与平作比较，增加了土壤的肥力集中和耕层厚度，充分体现了边际效应，增强光合作用及通风透光性，有利于提高甜菜单株产量，一般可增产 10% 以上，含糖率高 0.5%~1%。垄作加深了耕作深度、改善了土壤的颗粒分布、利于块根膨大和生长，并可弱风防风害、保墒保苗，通过增加种植密度形成高产高糖。在实际生产中，根据地温、地势等条件垄作又可分为平播后起垄、随播种随起垄和先起垄后播种三种。平播后起垄是甜菜播种出苗后，结合甜菜的中耕培土逐渐形成垄；随播种随起垄是在平播的同时利用中耕铲进行播种行间的起垄；先起垄后播种是在播种前先起垄，一般起垄和镇压同时作业，起到保墒的效果。

（3）畦作。畦作可分为平畦、高畦、平畦后起垄、小畦及深沟双行种植、宽畦双行大小垄，适用于我国多雨或地下水位高的地区。该耕作栽培方式通风透气，避免水涝，利于甜菜生长，并可以合理密植。其中，平畦适用于雨水较少的干旱地区，行距一般为 400~500mm，4~8 行为一畦，畦埂高约 280mm；高畦适用于多雨或地下水位高、土壤湿度大而黏重的地区，行距一般为 400~500mm，4~6 行为一畦，畦高一般为 280~330mm，畦沟深约 280mm；平畦后起垄与平畦一样，在甜菜出苗后，通过中耕培土逐渐形成畦垄；小畦、深沟双行种植适于高温多雨或地下水位高、易涝地区，两畦沟相距 1000mm，每畦种 2 行甜菜，行距为 400mm，株距为 200~250mm，畦高约 330mm，畦沟底宽 400mm。宽畦双行大小垄畦间距离大，便于田间管理，畦宽 2000mm 作畦，开沟，畦上种 4 行甜菜；两行中间开一小畦沟，小畦内甜菜行距 330mm；两小畦间甜菜行距 660mm。甜菜畦作形式如图 1-2 所示。

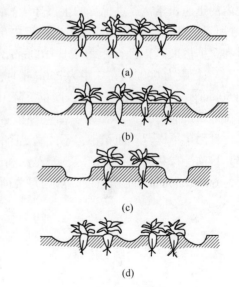

图 1-2 甜菜的畦作种植方式
（a）平畦种植；（b）高畦种植；
（c）小畦及深沟双行种植；
（d）宽畦双行大小垄种植

依据甜菜种植方式，甜菜栽培可分为直播（条播、穴播和丸粒化机械精量点播）和移栽（纸筒育苗移栽）两种方式。其中，条播适合在机械化水平较高的地区，播种深度一致、行距相同、覆土均匀、出苗整齐。穴播也称人工点播，适用于春季干旱、出苗困难的地区，是垄作种植区普遍采用的播种方法，具有节省种子的效果，但播种效率低、用工量大。丸粒化机械精量点播是近年来逐渐兴起的一种现代化甜菜播种技术，具有省工、省时、省种子、播种质量高的效果，但对地势、气象条件和土壤要求高。甜菜纸筒育苗移栽是一种增产效果显著的栽培方式，可以延长生育期，增加有效积温，适用于内蒙古等无霜期短、盐碱地和春季干旱低温的地区。随着甜菜移栽技术和移栽机械的发展，甜菜纸筒育苗栽培已经在东北地区试点，甜菜块根的单产和含糖率明显高于直播，已被种植户看好并逐步推广。

依据对我国甜菜主产区的调查，甜菜种植方式对田间保苗率有一定的影响，并且甜菜群体密度影响块根产量。一般，甜菜采用人工穴播，田间保苗率可达播种密度的90%；采用机械定量点播，田间保苗率可达播种密度的80%；采用甜菜移栽，田间保苗率可达播种密度的95%。当甜菜每公顷保苗株数在75000~90000之间时，可获得最高的块根产量。控制甜菜种群结构，结合耕作栽培技术、采用适宜的种植密度及株行距配置，可为甜菜缨叶和块根的均衡协调生长、糖分在块根内的迅速积累，提供优良的生态环境。甜菜块根产量与田间群体密度存在如图1-3所示的关系。在东北地区，当株距270mm、行距为500mm时，甜菜块根的产量和含糖量最高，且行距每增加100mm，含糖量下降0.18度，产量下降3%~8%；当行距为600mm，株距为250mm时，块根产量和含糖量最高，且株距每增加50mm，含糖量下降0.4度，产量下降10%。虽然稀植可以保证甜菜个体发育，但群体增产潜力发挥不出来。甜菜种植过密，通风透光不良，田间群体结构变坏，且甜菜单株营养面积小，不能满足个体发育的最低需要，导致甜菜产质量下降。目前，在我国甜菜主产区，黑龙江和内蒙古东部地区以垄作为主，垄（行）距为600~650mm，定苗密度一般为每公顷60000~90000株；华北地区和夏播地

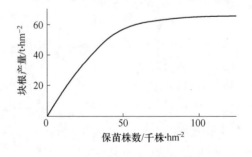

图1-3　甜菜块根产量与群体密度关系

区以平作或沟播畦作为主，行距为 450~500mm，定苗密度一般为每公顷 75000~105000 株；西北地区以平作覆膜为主，等距双行（行距为 500~550mm）或宽窄行（行距为 400mm+600mm+400mm）种植，部分垄作灌区为宽窄行（行距为600mm+300mm），定苗密度为每公顷 90000~100000 株。这个种植密度既可满足甜菜个体的营养面积，又可发挥群体的增产潜力，获得单位面积的高产。

1.3 甜菜生产的机械化历程及趋势

国外对甜菜生长机械化技术及装备的研究较早、发展较快，融合了各种先进技术及设计理念，实现了甜菜生产过程的农机农艺融合。1939 年，美国开始研究甜菜收获机具，并于 1949 年实现 50%机械化收获面积，1953 年全部甜菜实现机械化收获作业。20 世纪 50~60 年代，随着欧美等国家甜菜种植面积的增加及甜菜生产机械化的特殊性，英、法、德等国相继开始甜菜生产装备的研发，并攻克了性能不稳定、生产率低等问题，分别于 1969 年、1970 年、1972 年实现了甜菜生产的全程机械化。由于甜菜生产机械的特殊性，国外实现生产机械化时间要比大田作物晚 10~15 年。经过漫长的研究阶段，发达国家的甜菜生产机械逐渐形成了完善的技术体系，研制了品类齐全、性能可靠的生产装备。目前，国外甜菜生产机械装备融合了信息技术、微电子及控制技术，并逐步向高性能、高效率、大型化、自动化和智能化方向发展，为甜菜生产机具的协调发展及劳动生产成本的降低创造了有利条件。发达国家非常重视甜菜的科学种植及土壤的保护。对甜菜病虫草害以防为主。借助合理的轮作制、耕作制，采用科学的播种及收获，实现甜菜及时灭草、科学施肥及种植栽培。除间苗机外，各环节所用中耕设备与其他作物所用设备相似。常采用旋耕机、旋耕耙等对土壤进行翻耕后精整或使用联合耕机整地，以保证土壤上松下实的甜菜播种要求。针对甜菜单粒种的出现，普遍采用单粒精播技术，实现甜菜播种株距、行距稳定均匀，为甜菜后期的田间中耕管理奠定基础。通常欧洲各国多采用工作可靠、性能稳定的机械式精量播种机，如德国的 CG-6 型甜菜播种机。气力式播种机可用于丸粒化甜菜种子的高速播种，工作效率较高，如日本的 TVS-4 型气力式播种机。带式播种机可通过播种带实现种子的无损、株距可调的播种作业，如英国的 STANHAY 型播种机。甜菜移栽技术起源于 1960 年的日本，并于 20 世纪 80 年代在日本甜菜种植中大面积推广应用。随后该技术被引入美国、爱尔兰、英国等国家，并借助 BTP-4 型甜菜移栽机等，达到了节能增产的效果。国外的甜菜收获机普遍采用了传感技术、液压技术及电子控制技术。甜菜切顶机、挖掘机等分段收获机，可实现甜菜缨叶的粉碎、甜菜青顶的切除，以及甜菜缨叶的收集。甜菜联合收获机广泛采用电子对行装置、电磁液压控制系统及机器视觉系统，操作系统安全性及舒适程度好，逐步趋向人性化发展，提高了挖掘深度控制精度、作业精准度及生产效率。

国外联合收获多采用振动松土挖掘方式，降低挖掘收获阻力；借助电子电磁液压等技术控制甜菜对行限深收获，提高生产效率及机具的适应性。整机收获效率高、含杂率低、耐用、维护方便，可以大大降低劳动强度；但对甜菜收获条件要求较高，机具成本相对较高。先进技术在甜菜生产机械装备中的推广应用，为甜菜生产装备作业速度的加快及自动化程度的提高拓展了空间。

我国对甜菜生产技术及装备的研究较晚，始于20世纪50年代。20世纪60年代，在引进苏联相关设备的基础上，补旧研新，当时我国整体机械化水平比较落后，畜力甜菜生产机具研究进展缓慢。1978年，在引进法国和德国等AR甜菜打叶机、MKK-6-02甜菜挖掘机、D2甜菜挖掘集条机、102甜菜捡拾机、V50甜菜联合收获机等一系列产品的基础上，加强了我国与世界各国的交流与学习、甜菜生产技术沉淀及科研人员的培养，推进了甜菜生产装备的发展。甜菜育苗移栽技术与设备的引入，如HBT-40甜菜纸筒育苗移栽机、CT-4S甜菜纸筒移栽机等，加快了我国甜菜的增产增糖效益。经试验验证，相比人工栽植，机械化甜菜栽植可节约用工50%~80%，增产15%~60%，降低成本40%~50%，增加收益2~3倍。期间各大科研院所及高校注重技术引进及消化吸收，研究了先切顶、后挖掘集条的中小型甜菜分段收获装备，如4TQ-3型甜菜切缨机、4TW-2型甜菜挖掘机等。这部分机具沿用了国外主动圆盘仿行机构和直切刀切削机构，叉式、铧式和组合式挖掘机构，杆链式清理输送装置等，生产效率为$0.33~0.93hm^2/h$。1983年，土地采用家庭联产承包责任制，使得土地碎片化、零散化，限制了甜菜生产机械化的发展，甚至出现了不同程度的倒退。20世纪90年代，随着我国粮食作物全程机械化水平的不断提高，甜菜生产的机械化需求逐渐迫切，并逐步提上发展日程。甜菜生产机械化逐步进入市场为主导、农户为经营主体、生产机械化为投资经营对象的发展阶段。在全程机械化水平不高的情况下，结合甜菜生产的新需要，研制了甜菜挖松机，可随拔随削缨叶，适于人工后期收获。2ZT-2型甜菜育苗移栽机、TYM-5型甜菜育苗墩土机、4TWS-2型甜菜挖松机、4TWZ-4型甜菜收获机等装备的研制推进了甜菜生产结构的调整。2004年《中华人民共和国农业机械化促进法》的颁布，改善了农机化发展环境，加快新技术及新机具的研发与普及。财政部、农业部对农机购置补贴政策的推行，极大地调动了农机用户、农业生产经营主体的购机热情，并使得甜菜生产机械化进入一个快速发展时期。针对我国滞后的甜菜机械化生产技术及落后的生产装备研发储备，我国引入了德国荷马T系列甜菜联合收获机、LECTRAV2甜菜收获机、TBH45T甜菜联合收获机、格立莫904甜菜收获机等，并研发了4LT-A型甜菜联合收获机、4TS-2型收获机、4TW-2型起拔机、4TZ-314DL甜菜联合收获机等，在一定程度上改善了我国甜菜收获机具缺乏、人工收获成本高及强度大的问题，推进了我国甜菜生产机械化的发展进程。但国外进口的甜菜生产装备以大型设备为主，由于甜菜栽培技术、农艺的差异，进口设备使用效果不理想；国产机具主要为分段收获机具、联合收获机具还不够成熟，甜菜生产机械化水平与甜菜生产要求相距甚远。

甜菜收获是甜菜种植中的最重要环节，收获质量和效果影响甜菜的产量，决定甜菜的最后效益及甜菜产业的发展方向。甜菜为单株根茎类作物，深埋于地下 100~200mm，机械化收获难度较大，受作业环境、机械技术及作物状态的影响大。在粉碎缨叶、切削青头、块根挖掘及捡拾清选等作业过程中，主要表现为甜菜的多切、少切、漏切及推倒，块根的漏挖、破碎、埋藏、折断，甜菜清理不净、黏土过高、损伤高等。通常甜菜损失率为 5%~18%，远远大于其他作物收获过程的损失，如谷物的损失率（1%~1.67%）和马铃薯损失率（2%~4%）。经试验可以看出，甜菜收获质量影响甜菜的产量，见表 1-5 和图 1-4；收获条件、机械技术、甜菜状态、农艺技术等指标是影响甜菜机械化收获质量的主要因素，见表 1-6。其中，收获条件和机械技术是影响甜菜收获机械作业质量的关键影响因素。根据收获条件选择适宜的挖掘、清选及升运条件，可有效减少收获损失。

表 1-5 收获质量与产量关系

项目	甜菜单产损失/kg·hm^{-2}		产量损失/%	备 注
切顶量/mm	正常切削	0	0	甜菜单产为 42000kg/hm^2 时，多切后甜菜含糖物质的损失接近 8%~15%
	多切 10	3400	8	
	多切 20	6300	15	
	多切 30	9200	22	
尾根直径/mm	10		0	甜菜单产为 45000kg/hm^2，尾根直径为 10mm 时，符合收获质量标准
	25	450~1350	1~3	
	35	2250~2700	5~6	
	50	4500~5400	10~12	

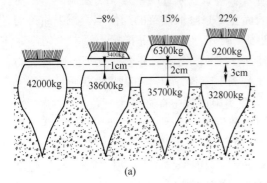

(a)

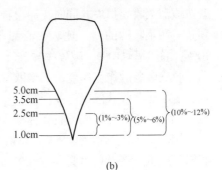

(b)

图 1-4 甜菜切削量及产量损失

（a）青头切削与产量关系；（b）尾根切削与产量关系

表 1-6   甜菜收获作业影响因素

收获条件	机械技术	甜菜特征	农艺技术
地形	配套动力	甜菜长势	土壤耕作质量
坡地	大功率（73kW 以上）	叶片直立	种床质量
平地	中功率（14~73kW）	叶片匍匐	播种精度
土壤含水量	作业速度	甜菜根形	株距
含水率适宜	高速作业（8~10km/h）	楔形	行距
含水率高	普通速度作业（3~8km/h）	球形	块根分布
含水率低		锤形	分布均匀
土壤条件	切削装置	块根表面粗糙程度	断空或植株过密
土壤结构	主动仿形	甜菜根沟	甜菜罹病率
土壤压实	被动仿形	甜菜须根	根腐病
土壤疏松	挖掘器类型	甜菜叉根	丛根病
土壤类型	轮式挖掘器	甜菜品种	田间杂草
重度黏壤土	铧式挖掘器	二倍体	稗草
中轻度黏壤土	组合挖掘器	多倍体	其他杂草
沙壤土	清理装置类型	甜菜块根埋藏深度	甜菜高度
土壤 $CaCO_3$ 含量	升运装置类型	甜菜块根地上部高度	甜菜产量
土壤有机质含量	捡拾装置类型		

在收获作业过程中，机械化收获可降低收获强度，提高工作效率，但也增加了损失。我国现有收获机具的甜菜切顶合格率为 54.46%~98.64%，块根挖掘损失率 0~13.19%，黏土率为 1.45%~13.97%，甜菜清理损伤为 1%~3.2%，装卸堆垛损失达 3%~4%。虽然企业及科研院所力求完善机具结构、降低收获损失，但在实际工作中，土壤条件、甜菜生长状况、作业环境等收获条件因素是无法控制的，依然会造成甜菜收获损失。同时，甜菜种植户希望尽量降低甜菜的损伤率、减少甜菜切顶量；甜菜收购的糖厂比较关心甜菜切削、破碎、含杂率等指标，要求少切率≤10%、漏切率≤10%、破碎率≤2%、含杂率≤8%；农机服务合作社等经营者关心甜菜收获装备的作业速度、工作效率。虽然为保障各方利益和甜菜收获质量，各国都制定了甜菜收获机械作业质量标准，但在实施过程中存在各个利益群体的博弈，也分别制定了各自的机械收获标准，给机具研发带来了困扰和难度。如波兰要求甜菜多切率≤3%、漏切率≤5%、总损失率≤5%、轻微损伤≤20%、含杂率≤1.5%；我国新疆生产建设兵团要求甜菜多切率≤2%、漏切率≤5%、总损失率≤3%、轻微损伤≤15%、含杂率≤1.5%、含土率≤1%、尾根不切除；甜菜种植户要求机械收获的总损失率≤10%、切顶损失率≤3%、块根损失率≤7%。目前，甜菜机械化收

获关系到甜菜种植户、甜菜制糖生产企业、农机服务单位的利益，收获指标受当年甜菜产量、国际糖价、供需关系等影响，收获条件影响甜菜收获质量及收获机组的作业效率、机械技术控制甜菜机械化收获损失及机具应用推广效果。随着劳动力转移及产业结构性调整，我国对甜菜的机械化收获技术及装备日益重视，甜菜生产的经济价值及机械化装备发展潜力巨大。结合甜菜产区的种植制度、地域特点，管理控制甜菜生产过程中的可控因素，提出兼顾各方利益、切实可行的甜菜产业的发展建议，对提升我国甜菜种植户的积极性、提高甜菜收获的机械化水平、缩短我国与发达国家的技术差距具有重要的意义。

（1）技术引进与自主研发相结合。甜菜生产季节性强、劳动强度大，对技术成熟、价格适宜的收获装备需求迫切。目前，我国现有的收获技术及装备水平还很低，主要是在 20 世纪 70 年代引进机具的基础上发展起来的。通过前期对机具的引进、消化吸收及仿制研究，我国已初步奠定甜菜机械化生产的基础。但甜菜机械化生产存在投入的人力及资金不足、研究力量分散、高尖端研究缺乏、基础研究薄弱、创新乏力、重复研究过多等问题，不利于甜菜产业的发展及科研水平的提升。目前，在生产实际中应用的技术成熟机具还不多，机具的通用性及可靠性有待提升，甜菜联合收获装备等高端专用设备匮乏。因此，坚持自主创新能力为主流，引进高端技术及装备为引导，加强技术引进吸收、基础技术研究、自主创新能力提升，建立产、学、研、推相结合的技术创新平台及体系，有利于我国的生产机械化技术交流及提升，解决机械化生产过程中的难点、重点及瓶颈，促进甜菜生产机械化水平提升、技术进步与发展。

（2）资金扶持与机械化生产相结合。随着粮食作物实现全程机械化，我国对甜菜机械化生产的重视程度越来越高，各种优惠政策也相继出台，如农机购买补贴政策，但对甜菜种植生产缺乏国家补贴。近年来，受国际糖价及生产成本高的影响，甜菜生产的比较效益降低，每年甜菜种植面积波动较大。由于甜菜作为糖料作物的专有性，甜菜种植户与甜菜制糖生产企业存在相互依存、互为制约的关系。甜菜生产成本的增加，使得甜菜收购价增加，提高了甜菜制糖生产企业的生产成本；而甜菜制糖生产企业采用多扣杂等方法，又将一部分负担转嫁给种植户，出现了"丰产不丰收"的状况。在遇到自然灾害或甜菜种植面积减少的年份，甜菜制糖生产企业因缺少制糖原料又会面临倒闭的风险。甜菜机械化生产水平低，增加了甜菜的生产成本，限制了甜菜生产抵御自然灾害的能力。受国外引进机具及大面积种植条件的误导，我国自"十二五"期间才开始增加对甜菜机械化生产的研发投入，且投入资金相对较少。经历 70 多年的风雨历程，我国甜菜制糖行业逐渐进入良性发展轨道，但仍然存在研发经验、资金和人员储备不足等问题。因此，建议国家给予甜菜生产和技术上大力扶持，如制定甜菜种植补贴政策、增加制糖企业和机械制造企业生产补贴、加大机械化生产科研投入等，进而提高甜菜的生产效益及抵抗灾害的能力，避免我国糖料作物重蹈油料（原料）大量依赖进口的覆辙。

（3）示范基地与机械化发展相结合。甜菜种植基地的建立有助于机械化水平的提升及甜菜产量的提高。1986 年，日本甜菜生产实现全程机械化后，种植户种植面积由 1960 年的 0.67hm² 增加到 3.5hm²，平均甜菜产量由 17.4t/hm² 增加到 54t/hm²。为了保障甜菜糖原料，我国制糖企业必须建立稳定的甜菜种植基地。目前，我国部分甜菜种植田块小、经营相对分散、土壤条件差异大、作物种植配套条件不同、适于机械化种植情况不一，严重制约了甜菜的机械化生产进程。黑龙江、内蒙古、新疆等地土地连片易于机械化生产的推广和示范，且近年来农村劳动力的季节性缺乏，推动了该地区甜菜生产的机械化进程。因此，应在不同甜菜种植优势地区，加快推进土地流转政策，鼓励对细碎种植区进行科学规划，完善适度种植规模及经营模式，建立各等级的甜菜种植示范基地，并有计划有目的地开展甜菜生产全程机械化。从种植农艺、生产技术、收获装备等方面，加快攻关甜菜生产过程中的联合整地、精密播种、联合收获等关键技术及装备瓶颈，确保整套机具的配套使用，力求发展甜菜优势产业区，以点带面、以面带全，力争把甜菜产业做大做强。

（4）种植农艺与农机创新相结合。种植农艺与农机的融合，是甜菜机械化生产的基础，主要表现在农机设计制作适应农艺技术的要求，且甜菜的品种、种植模式方便农机设备作业，即实现育苗技术、种子培育及栽培方式等与机具性能的有效融合。通过对国外先进机具的引进、消化吸收，我国甜菜生产设备取得了一定的成果。目前国外重视甜菜的科学化种植，在甜菜品种、生产条件、种植环境及机械化管理等各方面独具特色。因此，应在借鉴国外先进技术及经验的基础上，以利于机械化生产为目标，结合我国甜菜品种、种植及栽植现状，选育单粒国产甜菜品种，改进和规范栽培技术，统一种植方式及种植密度；结合我国甜菜种植地域特点、种植制度及栽培特点，制定规范化、规模化、标准化的适于机械化生产的农艺技术规范；依据甜菜生产机械的结构性能、土壤条件、甜菜生长特性等，修订甜菜生产机械作业质量标准；鼓励生产企业进行技术创新，通过完善育苗设施及配套技术、研发性能稳定机具等措施，管控甜菜机械作业质量，实现农机与农艺的融合，为推进甜菜产业发展提供有利条件。

1.4 国内外甜菜收获机现状

甜菜机械化收获是采用机械代替人工逐步完成切顶（割缨）、挖掘、清选、堆集和装运等作业环节。结合作业环节完成情况，甜菜收获装备可分为分段收获与联合收获。分段式收获机只能完成联合收获机械的部分收获作业，如完成去菜叶、切顶或完成甜菜挖掘、堆积等作业。常用的收获机械有挖掘机、打叶切顶机、挖掘集条机和块根捡拾机。这类机具结构简单、成本低、生产率高，既可以配套使用也可以独立工作。

　　挖掘机一般只破坏块根与土壤的连接，把块根松动或挖出地表，块根的捡拾、切顶、清选、收集等工作需要由人工来完成，机构结构如图1-5所示；打叶切顶机的结构相对挖掘机复杂，既可先去除茎叶再切削根头，也可完成茎叶和块根头的一次性去除，工作原理如图1-6和图1-7所示；挖掘集条机主要利用挖掘铲将甜菜挖出，通过后面的输送和清选部件实现甜菜的集条摆放或堆集存放，工作原理如图1-8所示；块根捡拾机采用捡拾叉将块根拢住，利用翼板的摆动实现块根的喂入，通过升运器清理黏附在块根上的泥土和块根中混杂的土块，最终实现对挖掘或集条后甜菜的捡拾、清理、装箱，多用在收获后甜菜的装卸和运输中，工作流程如图1-9所示。

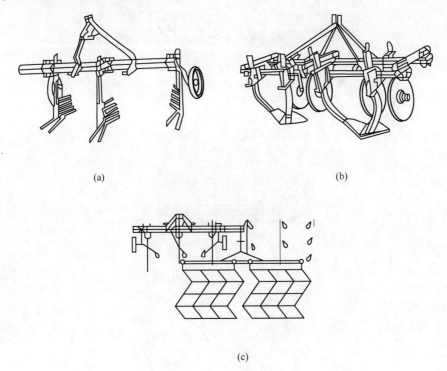

(a)　　　　　　　　　　　　　　　　(b)

(c)

图1-5　挖掘机

（a）叉式挖掘机；（b）带圆盘刀的挖掘机；（c）带有块根清理耙的叉式挖掘机

　　联合收获机可以一次完成切顶、挖掘、捡拾、清理及装载等全部工序，具有机械化程度高、用工少和生产效率高的特点，能取得较好的经济效益。按其工作过程可分为错行作业和同行直流作业，作业方式如图1-10所示。其中，同行直流作业甜菜收获机较多，适合多行作业；错行作业相对更容易清除已切去茎叶的

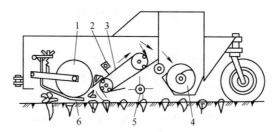

图 1-6 带仿行切刀的茎叶收获机

1—仿行刀；2—逐叶器；3—输送链；4—螺旋输送器；5—回旋清理器；6—切顶刀

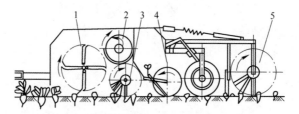

图 1-7 带回旋切刀的茎叶收获机

1—回旋切刀；2—螺旋输送器；3—根头清理器；4—切顶器；5—尾部回旋式清理器

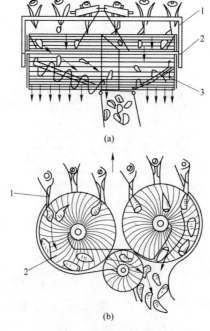

(a)

(b)

图 1-8 集条工作过程

（a）链杆集条螺旋式；（b）回转指盘式

1—挖掘器；2—输送器；3—集条螺旋

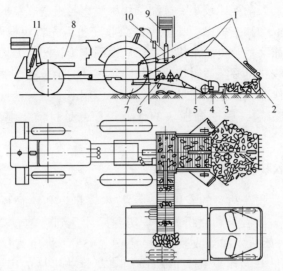

图 1-9 块根捡拾机工作流程

1—捡拾叉控制油缸；2—捡拾叉；3—收集翼板；4—翼板控制油缸；5—收集输送器；6—螺旋清理器；
7—起落控制油缸；8—拖拉机；9—输送器调节油缸；10—装载输送器；11—推集装置

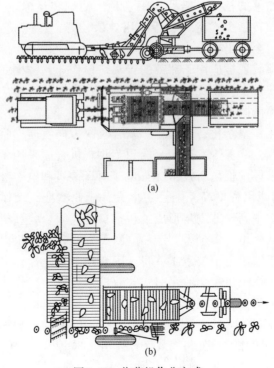

(a)

(b)

图 1-10 收获机作业方式

（a）同行直流作业；（b）错行作业

块根上的杂物，动力消耗比较小。按甜菜块根脱离与土壤联结的方式，甜菜联合收获机可分为拔取型和挖掘型。拔取型甜菜收获机需先将块根两侧的土壤挖松，并用拔取器夹住甜菜茎叶将甜菜拔出，然后由固定旋转圆盘刀切除甜菜的茎叶和根冠。这种甜菜收获机必须适时作业，与甜菜茎叶的生长状态关系密切，适于在干硬的甜菜地块作业，但作业质量不易保证，应用不广泛。挖掘型甜菜收获机采用先切去茎叶和根冠，后挖掘根块的作业工序，是目前主要应用推广的收获机械。

1.4.1　国外甜菜收获机概况

甜菜收获机是收获甜菜的专用机械，技术含量较高，研制难度较大，在多个国家都经历了一段漫长和曲折的研发历程后才达到目前较高的机械化水平。法国于 1912 年开始研发甜菜收获机械，并于 1957 年将甜菜收获机广泛应用于生产，是世界最早开始研发和大面积应用甜菜收获机械的国家。美国在 1937 年研制出第一台甜菜收获机，1939 年第一台甜菜块根条铺捡拾机投入使用。20 世纪 50 年代中后期，德国和苏联开始致力于甜菜收获机具的研发，并分别于 20 世纪 70 年代初和中期实现了收获机械化。早期的甜菜挖掘机与铧式犁结构相似，仅完成甜菜的挖松，需要人工切顶、清理和运输。随后研发的叉式、铲式挖掘铲以及回转指盘式清理装置应用效果较好，可完成甜菜块根的挖掘、清理及集条作业，至今仍在很多国家使用。20 世纪 60 年代，轮式仿行切顶装置和圆盘刀式切顶装置被应用于甜菜的青头切顶作业，链枷式切顶装置主要用于法国的甜菜收获机；振动式、圆盘式及组合式挖掘装置被广泛用于甜菜的分段收获作业，但除美国外各国的机械化收获占有率不高。20 世纪 70 年代，甜菜收获向着大型化、复杂化、自动化、联合收获方向发展，收获技术逐渐达到较高的水平。目前，欧美等发达国家的甜菜收获机普遍采用了液压、微电子技术控制和信息技术等现代高新技术（如电子对行装置和电磁液压控制挖深机构等），自动化和智能化程度高，配套功率大，作业精准、操作简单及方便，使用可靠性和生产效率高，并逐步形成了包括自走式联合收获机、牵引式联合收获机和分段式收获机组等多个系列产品。欧美等联合收获机以自走式和牵引式收获机型为主，集液压电子技术于一身，配套动力大，操作方便；日韩等联合收获机多为与中小拖拉机配套的牵引式收获机型，以错行作业的小面积单行收获机型为主，多采用铧式挖掘铲和转轮式清选装置。目前，世界知名的甜菜机械企业，如莫罗（MOREAU）公司、荷马（NOLMER）公司、罗霸（ROPA）公司、格立莫（GRIMME）公司、MACE 公司、尔斯惠（ARTWAY）公司和艾美特（AMITY）公司等，生产的产品种类多、规格齐全，技术先进且性能优良，产品成熟度较高。

1.4.1.1 自走式联合收获机

自走式联合收获机是将切缨、挖掘和装载等机构安装在大功率自走底盘上，把切叶、打顶、起挖、清土和装卸功能融为一体的机具。它省工省力、操作方便、节省费用，既可把叶打成垛又可把收获的甜菜放在田间地头，便于收集和拉运，但结构复杂，有效工作时间短，投资成本大，只有在大面积作业的情况下经济性才有所体现，且收获的甜菜不易储存。主要机型包括德国荷马公司的 T3 型自走式联合收获机、罗霸公司的自走式联合收获机、法国莫罗公司 AT64 型自走式甜菜收获机、白俄罗斯戈梅利"巴里西耶"牌 KCH-6-3 型甜菜全自动收获机、格立莫公司的 Maxtron 620 型 6 行自走式全功能甜菜收获机和 REXOR 620 自走式甜菜挖掘机、比利时的迪沃夫 R9150 型自走式甜菜收获机、德国的克雷恩公司 SF10 型甜菜收获机和荷兰的瑞克姆 RBM300 型甜菜收获机。

图 1-11 所示为德国荷马公司（NOLMER）T3 型全自动甜菜收获机。该机配备有 520 马力发动机、电脑自动化控制系统和感应式自动导航系统，自动化和智能化程度高、作业精准、生产效率高；采用平刀切顶器、HR 型犁头挖掘装置和回转指盘清选装置，可一次性完成甜菜除叶、去青头、挖掘、清理和装车工序，既省时又减少田地碾压，同时还能实现甜菜叶还田或收集；作业幅宽为 3～3.3m，行距为 450～500mm，储料仓容积为 28m³，作业最高时速可达 6km，采收效率达 2.5hm²/h，日作业面积可达 28.57hm²，可为种植户每公顷节约成本 1400 余元。T 系列甜菜收获机多采用发动机转速与液压传动自动调节技术实现节能增效；通过改善打叶切顶和缨叶处理系统，避免了甜菜收获过程中的损伤和浪费，做到打叶转速自动可调，最大限度保障收获效果；HR 型犁头组件采用整体振动犁刀运动模式降低能耗，具有单行控制模块组件，可以单行独立、高度全自动调节，自动适应每一个甜菜的高度。T4-30 机型搭载 626 马力奔驰发动机，配有 30m³ 存储仓和可换向旋转的螺旋辊筒，可实现甜菜装载后的均匀存储，并结合存储仓的自由旋转分散器减少甜菜破损；借助超声波传感器和压力监测系统，可确保整机底盘的前后轴承重最佳分配；采用液压控制探叶器调整工作位置，切顶器支撑装置可实现打叶器高度自动调节，智能打叶系统控制锻造的 T 型刀，可实现菜叶均匀抛洒功能；DynaCut 切削技术减轻了切刀重量，可确保甜菜顶端没有任何叶片残留和附着，并结合打叶器适度保持叶柄高度，避免甜菜的过切、遗漏损失；振动犁刀多样化调节设置，可独立调整甜菜起拔深度，降低挖掘损伤及功耗。

图 1-12 所示为德国罗霸公司（ROPA）的猛虎（EuroTiger）全自动甜菜收获机。该机拥有 604 马力的奔驰发动机，配备感应式自动导航系统，采用平刀除叶切顶器、圆盘式挖掘装置和回转指盘式清理分离装置，自动化和智能化程度高，

技术先进、作业精准、生产效率高，收获量可达 2.5hm²/h 以上，日作业量可达到 20hm²，被誉为全球效率最高的甜菜收获机。操作者可以通过电子系统随时监控和掌握部件的工作状况和相关信息。2018 年罗霸猛虎 6 荣获德国红点设计奖，成为世界最强劲的甜菜收获机。该机拥有排量为 16.12L 的全新 700 马力或 768 马力的发动机、自动斜坡平衡及摆动稳定系统、无极行走驱动系统，通过液压行走系统实现了极佳的操作性及土壤保护效果，凭借玻璃触摸终端、无线接口及自动控制系统保障舒适驾驶及理想的收获效果，可实现切顶深度制导及储料仓的快速清仓功能。收获机可随意调节 6 行变割台作业行宽，拥有不易堵塞的振动挖掘犁头和液压避石器，900mm 直径的限深轮和智能三点系统保证了犁头的深度制导。

图 1-11　德国荷马公司的 T3 型自走式联合收获机　图 1-12　德国罗霸公司的自走式联合收获机

图 1-13 所示为德国格立莫（GRIMME）公司的 Maxtron 620 自走式甜菜挖掘机。该机拥有 490 马力动力，操作灵活，储料仓容量为 22t，卸料高度可达 4.3m，仅有 1m 的行驶回转半径，可实现削叶机转速的无级调节，并能随时改变工作所需的高度；拥有触屏式操作站 CCI200，可对驾驶台周围的机器进行简单的调节和控制；切顶控制系统可将缨叶均匀分铺到挖掘后的地面内，切顶作业效率为 75.4t/h；液压轮式挖掘器避免了在特殊条件下挖掘设备的堵塞，减少了挖掘过程中的夹杂，最高挖掘速度为 8km/h，比同类挖掘器效率提高 4~5 倍；轮式挖掘铲和螺旋辊可将甜菜和所夹带的混杂物分离出去，有效地降低了损失；轮式挖掘器共有 7 个导向探测轮，可精确检测轮子与地面的接触压力，通过深度测量系统控制挖掘深度，并碾压和填埋行走方向的缨叶；双向灵活摆动挖掘器形成楔形口，可实现 40mm 的边位移动，适用于不平行的种植行；采用 13 个清选滚柱在 2.8m² 的范围内，彻底清理甜菜上的泥土和其他杂质，并可根据土壤性状和气候条件调节螺旋结构的分离滚柱控制清理效果；大型双联轮可以做到对耕地的长期保护。

图 1-14 所示为德国格立莫（GRIMME）公司的 REXOR 620 自走式甜菜

挖掘机。该机械拥有 530 马力动力、22t 储料仓、环形提升带和螺旋分离器，维护及使用成本低，一次可收获 2 行甜菜；智能驱动技术可实现发动机转速在 1150r/min 和 1500r/min 之间自由切换，实现削叶机转速的无级调节，并能随时改变工作所需的高度，降低能耗；打叶装置配有带钢制甩刀的内嵌系统，保障打叶效果及工作寿命；带有削头强度自动调节的削顶器，可在内置式对向刀的帮助下，可靠地削除甜菜叶和杂草，且保证甜菜叶养料；拥有的液压轮式挖掘铲可避免挖掘设备的堵塞及在挖掘过程的夹杂；左右错开的两侧轮胎设计可"温和前行"保护土壤，实现 ±40mm 的边位移动，适用于不平行的种植行；采用先进的模拟和设计技术，在一定程度上节省了油耗和机具的维修护理费。

图 1-13　德国格立莫 Maxtron 620
自走式甜菜挖掘机

图 1-14　德国格立莫 REXOR 620
自走式甜菜挖掘机

图 1-15 所示为法国莫罗（MOREAU）公司生产的 AT-64 型自走式甜菜联合收获机。该机由旋转连枷式除叶器、滑板式切刀切削装置、倾斜球面圆盘和导向滑掌组合式挖掘器、栅状回转圆盘清理和杆条链式升运部件组成，不能收集和得到完整的茎叶；配套动力为 200 马力，液压操纵，可以收获 6 行，行距为 0.5m，工作效率为 1hm²/h。

图 1-15　法国莫罗 AT-64 型自走式甜菜联合收获机

此外，白俄罗斯的戈梅利生产的"巴里西耶"牌 KCH-6-3 型甜菜全自动收获机可以一次性完成甜菜的除叶、去青头、挖掘、清理和装车作业，作业最高时速为 6km，收获效率达 1.43hm^2/h 以上。该机械作业幅宽为 3m，垄宽为 0.5m，适合于窄行栽培模式的甜菜收获。

1.4.1.2　牵引式收获机

牵引式收获机是由拖拉机牵引着工作的收获机具，通常前置切顶机构，后悬挂块根挖掘机构，将块根清理后直接装载，并把茎叶输送至一侧或抛撒还田；或由挖掘装置、清选装置和升运装置等组成，一次完成甜菜的挖掘、清理、输送、升运工作。与联合收获装备相比，其投资成本相对低、维护方便、土杂少、尾根长、损伤少、接地比压小、在软湿地块的起挖能力较强；在甜菜收获期结束后，牵引动力可用于其他的田间作业，机具的有效利用率高；工作相对挖掘机烦琐，收获后的甜菜表皮会损伤，不易储存，应随收随交随加工；储料仓容量相对小，需拉运机车较多。因受转向、对行等工作的限制，牵引式收获机一般适宜 1~6 行的甜菜收获。目前，以德国司多尔 V-100 型单行甜菜联合收获机、美国尔斯惠公司的尔斯惠 4600 EX1 型、英国斯坦顿公司 MK 型甜菜收获机、美国艾美特甜菜收获机、格立莫挖掘机 Rootster、日本东洋公司 TBH-1 型甜菜收获机、日本三荣工业株式会社生产的 BSR-575 型牵引式起收机、西班牙 MACE 公司生产的 AH 型甜菜挖掘机、波兰 2413 型甜菜收获机等为代表。

图 1-16 所示为德国司多尔公司生产的 V-100 型单行甜菜联合收获机。该机由机架、传动系统、缨叶处理器、青顶切削器、挖掘器、橡胶清理器、清选输送系统、甜菜箱和行走轮等组成。甜菜收集箱为 5.9m^3，箱底有电动刮板，可快速卸料。工作时，机械通过机架牵引杆与拖拉机挂接，可以横向移动 0.4m，便于对行收获；收获时不易出现泥土、杂草及甜菜堵塞现象，工作可靠性高。拖拉机动力由传动系统传至缨叶处理器的甩刀，并带动甩刀将甜菜缨叶打碎清除，为后方的青顶切削器工作创造条件。青顶切削器由仿行轮和斜切刀组成，并可完成甜菜的定切厚切削。挖掘器为铧式双翼震动挖掘铲，具有 6 个自由度，可降低甜菜损伤及甜菜的黏土量。分离输送系统由橡胶转盘、回转指盘和杆式升运器组成。两个橡胶转盘沿挖掘器的后部，将甜菜夹送到距离地面 200mm 的回转指盘，依靠离心力将甜菜抛送到杆式升运器，并借助杆式升运器将甜菜送入收集箱。

图 1-17 所示为美国尔斯惠公司的 4600 EX1 型牵引式甜菜收获机。该机需与 160 马力以上拖拉机配套，可完成甜菜的起挖、清土、集送、仓储、装载和输送，收获效率可达 3hm^2/h；拥有加重型液压调节自适应寻行牵引架，可实现机具的自动对行功能，适用于各种种植方式；切顶彻底、干净、收获效率高、对甜菜损伤少，每天约抵 500 个劳动力，可大大减轻劳动强度；具有四级清土传送系

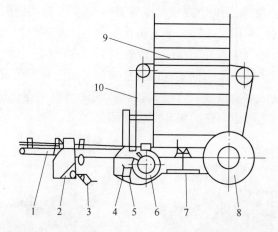

图 1-16 德国司多尔公司 V-100 型单行甜菜联合收获机

1—机架；2—缨叶处理器；3—切顶器；4—挖掘器；5—清理器；

6—圆盘运送器；7—清理器；8—行走轮；9—收集箱；10—杆条升运器

统，清选甜菜的效果好、土杂少；采用的轮胎较宽、接地比压小，对软湿地块的起收能力强；但在实际应用时，收获机会对甜菜有不同程度的遗漏和损失，直径小于 0.03m 的尾根断留在田地之中，设备耐用、维护方便且性价比高。

图 1-17 美国尔斯惠 4600 EX1 型牵引式甜菜收获机

图 1-18 所示为美国艾美特公司的甜菜收获机。艾美特甜菜收获机采用轮式挖掘装置适应不同工作条件，借助辊轴式清理装置完成甜菜的清理及输送，采用杆式升运器二次清理和装载甜菜。该机的作业质量高，收获的甜菜清洁度高，田间遗落少。该机拥有双马达驱动刷洗功能，可进行刷洗链条的变速操作，并通过液控调节装置可以在运转过程中对后剥泥清理辊进行细微调节；采用新式气压减震挡板，开启简单、安全性高；储仓容量较大，可以有效提高作业效率。

图 1-19 所示为格立莫公司的牵引式转载挖掘机 Rootster 604。该机为悬挂式收获机，与 185 马力以上拖拉机配套使用，收获行距为 450mm 或 500mm，可调，

具有4t储料仓斗，维修及维护方便；配置液压驱动的轮式挖掘器，适应各种挖掘环境和土壤硬度；利用带主轴调节末端挡块的液压缸控制挖掘深度；借助料斗装载输送带的环形提升装置和1000mm宽的液压转向筛网，顺利完成甜菜块根的装卸工序；采用液压转向牵引杆实现快速挂接，可通过遥控装置开启或关闭卸载运输带，能轻松完成一阶段或二阶段式收获方式的所有工作，适用于6行、8行或9行同时收获，还可以与临时料斗配合使用。

图1-18　美国艾美特甜菜收获机　　　图1-19　格立莫牵引式转载挖掘机 Rootster 604

　　图1-20所示为西班牙马赛公司生产的1AH-S型单行甜菜挖掘机。该机与60马力拖拉机配套使用，采用圆盘刀与铧式双翼铲的组合式块根挖掘器、回转指盘式清选装置、杆式升运分离装置，可一次完成单行甜菜的挖掘、清理、集仓和装车等工序；储存仓容量为3000kg，自卸高度为2820mm，作业效率为2hm²/d，对作业甜菜行距要求不高；动力输出轴转速为540r/min，自带的液压装置可以自动控制块根挖掘器的深度和方向；整机设计紧凑、操作方便、可靠性强，甜菜破碎率及损伤率低，性价比高。

　　图1-21所示为西班牙马赛公司生产的3SV型甜菜挖掘机。该机为中小型甜

图1-20　西班牙马赛公司1AH-S型　　　图1-21　西班牙马赛公司3SV型
　　　　　单行甜菜挖掘机　　　　　　　　　　　　甜菜挖掘机

菜分段收获机，由两个小铧式铲组成的"八"字形挖掘装置和回转指盘式清理分离装置组成，可一次性完成甜菜的挖掘和成条铺放。通过犁刀松动土壤、搓起甜菜，借助回转指盘清选筛除杂除土，并将甜菜集成一条铺放。其振动犁铲的挖掘阻力小，回转清理分离效果好，适于坚硬、黏湿等恶劣的土壤环境和复杂的收获条件，配套动力大于 60 马力，可同时收获 3 行甜菜，作业行走速度为 4～7km/h，作业效率为 0.6hm²/h，具有工作效率高、甜菜损伤率低、机具维修成本小的特点。

图 1-22 所示为日本三荣工业株式会社生产的 BSR-575 型甜菜收获机。该机自带悬挂系统，可与 75 马力以上拖拉机配套使用，具有强制滚子式双茎叶清理器和两段传送带式分离装置，储存仓容量为 9m³，可完成单行甜菜的挖掘、抬升、清选、输送、收集等工作。在收获作业中，茎叶清理器侧向清理拨送甜菜缨叶，犁铧铲定向挖掘甜菜，杆式输送链夹送甜菜块根到清选滚筒，由清选滚筒及杆式输送链完成甜菜清理及定向输送。该机存在仿型轮的仿行效果不好、切刀调整不灵活、捡拾器链条易折断、起收效果不理想和碎土能力差等问题，作业效率为 0.18～0.31hm²/h，切顶合格率约为 85%，含杂率小于 15%。

图 1-23 所示为日本三荣工业株式会社生产的 4T-1A 甜菜收获机。该机采用 29.42kW 配套动力，结构小，采用橡胶翼茎叶清除器、双铲式挖掘部件、输送链式分离装置，生产率可达 0.12～0.15hm²/h，挖掘宽度为 380mm，作业行距为 500～600mm。机械在使用过程中存在挖掘铲弯曲、碎土效果不好等现象，因而没有在我国推广。

图 1-22　BSR-575 型甜菜收获机　　　　图 1-23　4T-1A 甜菜收获机

图 1-24 所示为日本三荣工业株式会社生产的 BMK-07/07T 甜菜收获机。该机配套动力大于 85 马力，存储仓容量为 9m³；采用 2 个橡胶清扫器对转，清除茎叶，借助铧式双翼铲挖掘甜菜；超长的传送带可去除甜菜表面残余泥土，由链条传送带输送、除杂、装载甜菜；一次完成 1 行甜菜的挖掘收获，日生产率为

0.13~0.2hm²，生产效率较低。机械在使用过程中存在挖掘铲弯曲、碎土效果不好等现象，因而没有在我国推广。

图 1-25 所示为法国莫罗公司生产的 AC3S 型甜菜挖掘装载机。该机主要由液压对行系统、导向滑脚和铧式挖掘铲组成的挖掘部件、回转指盘式清理部件和套筒滚子链等部件组成，可一次性完成 2~3 行甜菜收获。其与 65 马力拖拉机配套使用，工作效率为 0.53hm²/h，折叠输送臂可将收获的甜菜随时装运到运输车，工作时需要与甜菜运输车配套使用。

图 1-24　BMK-07/07T　　　　　　　图 1-25　法国莫罗 AC3S 型
甜菜收获机　　　　　　　　　　　　甜菜挖掘装载机

此外，白俄罗斯的戈梅利 KSN-6-3 型悬挂式甜菜联合收获机配套动力为 265 马力，一次作业 6 行，收获效率达 1.37hm²/h，作业时先切除茎叶，再挖掘根茎并整理成行，适用于土壤湿度小于 23% 条件下的收获。英国斯坦顿公司 MK 型甜菜收获机为 3 行挖掘轮式甜菜收获机。该机可与 75 马力以上拖拉机配套使用，采用液压驱动的旋转式切刀切叶器，日收甜菜 4hm²。俄罗斯戈梅利 PPK-6 型甜菜拾捡装卸收获机可以与不同等级的拖拉机配套使用，捡拾宽度为 1m，装卸高度为 3.35m，工作效率为 1.37hm²/h，是高效的甜菜捡拾设备，并且在捡拾过程中可以再次清除甜菜根部的泥土（不需辅助工作），省时省力。同时，俄罗斯的 BM-6 型甜菜茎叶切割机和 KC-6 型甜菜挖掘机、日本的 BTH2 型甜菜茎叶收获机和 TBD2 型甜菜挖掘机、法国马特罗公司生产的 D2 型甜菜块根挖掘机、乌克兰的 MKK-6-02 型甜菜挖掘机、德国的克雷恩公司 SF10 型甜菜收获机、荷兰的瑞克姆 RBM300 型甜菜收获机、捷克斯洛伐克的 3-VCZ 型装载挖掘机和 WBC-2 装载挖掘机也都各具特点，且均为分段收获机械。

综上所述，欧美国家的甜菜收获机以大型联合为主，机电一体化程度高，配套动力大、动力消耗多、机型复杂、制造成本高，适合大面积的农场使用；中小型收获机具结构简单、效率相对低，在我国适应效果不理想。现有的收获机的切顶器主要有平切刀式和圆切刀式除叶切顶器；挖掘装置有铲式、叉式、圆盘式和组合式，并以圆盘式和铲式挖掘器为主；清理分离装置常用的有栅状回转圆盘式、螺旋滚筒式和杆条式。其中，平切刀切顶器结构简单、切顶叶质量好，但易堵塞；圆切刀切顶器的切顶质量不稳定，但能适应较高的作业速度；除叶切顶器适应较高的作业速度，但切下的茎叶散碎，只能还田作肥料。

1.4.2 国内甜菜收获机概况

20世纪50年代，在引进苏联甜菜收获机械的基础上，我国开始了对甜菜收获机械的研究。至20世纪70年代，我国虽然研制了部分甜菜生产机具，但整体技术水平不高，研究相对滞后。20世纪70年代末~80年代初，我国从欧美引进了一系列甜菜收获装备，推动了我国甜菜机械化生产的步伐。在借鉴国外技术和甜菜收获机型的基础上，甜菜收获装备及收获技术得到了一定的发展。在此期间，中国农业科学院甜菜研究所、轻工部甜菜糖业研究所、黑龙江农垦科学研究院等单位试了几种甜菜收获机械，并在甜菜生产中发挥了一定的作用。目前，联合收获机基本为国外引进，我国挖掘收获机械多为牵引式分段作业机械，以中小型为主，联合收获处于研发阶段。甜菜切顶机以主动圆盘式仿行机构+平直刀削顶机构、回转式清缨机构+平直刀削顶机构为主，收获机多采用叉式、铧式、组合式挖掘装置、杆式清理输送装置和回轮指轮式清选装置。主要机型有：新疆农垦科学院农机所研制的4TW-312型圆盘式挖掘集条机及4TW-3(2)B型挖掘机和4TWZ-4型甜菜收获机；轻工部甜菜糖业研究所研制的龙糖4TW-2型甜菜挖掘机；新疆石河子145团的4TW-2甜菜挖掘机；黑龙江省农垦科学院九三农科所研发的4TW-2型甜菜挖掘机；中国农业科学院甜菜研究所设计的农甜4TWS-2型甜菜挖松机；黑龙江省畜牧机械研究所研制的4TSL-2型甜菜收获机；内蒙古乌盟农机研究所4TWS-4甜菜挖松机等。

图1-26所示为中国农业科学院甜菜研究所的农甜4TWS-2甜菜挖松机。该机结构简单，工作阻力小，由悬挂架与挖松部件组成。采用滑轮手摇式升降机构，升降灵活、安全可靠，对甜菜损伤小。工作时，甜菜被挖松后会回归原位，不跑失水分，能够做到随拔随收，比人工挖收甜菜提高工效40~50倍。但该挖掘机只对甜菜挖松，不清理也不收集，还需与后续作业配合收获。

图1-27所示为黑龙江农垦科学院研制的4TW-2型甜菜挖掘机。该机主要由限深轮、挖掘部件、捡拾器、升运器、振动式挖掘装置、栅状圆盘和链板式升运装置组成，碎土效果好和收获率高，作业适应性强，生产率约为0.67~0.93hm²/h。

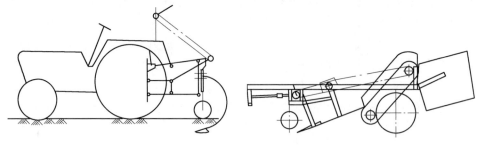

图 1-26　农甜 4TWS-2 甜菜挖松机　　　　　图 1-27　4TW-2 型甜菜挖掘机

图 1-28 所示为九三国营农场管理局科研所研制的 4TW-2 型甜菜挖掘机。该机可与东方红-75 拖拉机和东方红-54 拖拉机配套使用，既可与切缨机配套使用，又可带缨收获，每天效率约为 3~4hm²，起收率为 98% 以上。4TW-2 型甜菜挖掘机主要由机架、限深轮、牵引装置、传动机构、挖掘部件、捡拾分离机构和升运器等组成。作业时，甜菜块根被挖掘部件从土中挖出，经捡拾分离机构完成泥土的分离，后被升运器输送到块根箱中，并在待定点卸出堆放。

图 1-29 所示为黑龙江省牧畜机械研究所研究的 4TSL-2 型甜菜收获机。该机由机架、块根收集箱、块根升运器、地轮、杆条式升运、回转指盘式清理输送器和组合式挖掘部件等组成，可一次性完成甜菜挖掘、捡拾、清理、输送和装车的作业工序，也可只将挖掘出的甜菜块根初步清理后集堆存放，便于人工进行辅助清理和收集。工作时，甜菜由组合式挖掘部件挖掘，经回转指盘式清理输送器清土后输送到杆条式升运器，并得到进一步清理，最后经块根升运器输送和提升落入块根收集箱。

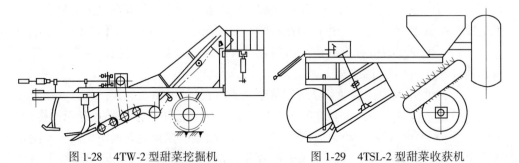

图 1-28　4TW-2 型甜菜挖掘机　　　　　图 1-29　4TSL-2 型甜菜收获机

图 1-30 所示为新疆农垦科学院农机所 4TWZ-4 型甜菜收获机。该机与铁牛-65 拖拉机配套使用，捡拾圆盘位置及挖掘装置高度可调，适用于切缨后甜菜的分段收获。4TWZ-4 型甜菜收获机主要由液压系统、圆盘组合式挖掘部件、栅状捡拾清理圆盘、倾斜输送装置和垂直链耙式升运机构等组成。工作时，甜菜块根

由组合式挖掘部件挖出，被栅状捡拾圆盘捡拾起，通过栅状捡拾清理圆盘及内外弹性挡壁的共同清理，再经倾斜输送装置的清理、输送，最后由垂直链耙式升运机构提升至块根箱。

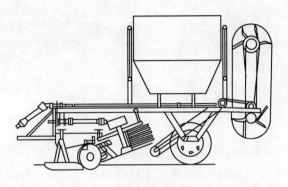

图 1-30　4TWZ-4 型甜菜收获机

图 1-31 所示为轻工部甜菜糖业研究所研制的龙塘 4TW-2 型甜菜挖掘集堆收获机。该机采用圆盘和滑掌组合式挖掘部件、栅状回转圆盘式捡拾部件，可一次完成 2 行块根的挖掘、捡拾、分离、清理、输送、集箱和堆放等作业；挖掘行距为 550～750mm，生产率达 0.53～0.87hm²/h。

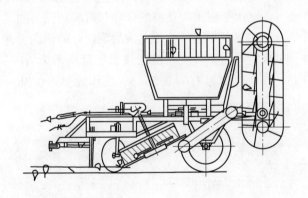

图 1-31　龙塘 4TW-2 型甜菜挖掘集堆收获机

图 1-32 和图 1-33 所示为常州汉森机械有限公司的 4TW 系列甜菜挖掘机。该系列挖掘机可一次性完成甜菜的挖掘和清理工作；采用振动起拔犁挖掘甜菜，借助回转指盘式清理装置清选甜菜；作业行距为 500mm，挖掘铲曲轴转速为 540r/min，分离筛盘转速为 87r/min；收获干净、破损率较小、劳动成本降低，工作性能和效率比传统的人工作业有了大幅度提高；工作效率大于 0.2hm²/h，含杂率 ≤15%，甜菜总损失率≤8%，甜菜破损率≤15%。

图 1-32　4TW-2 甜菜挖掘机

图 1-33　4TW-3 甜菜挖掘机

图 1-34 所示为常州汉森机械有限公司的 4TGQ-2 甜菜割叶切顶机。该机主要由 2 根清理辊轴和 2 个切顶单体组成，多根橡胶条分布于打叶辊轴上，四杆仿行机构可保证切顶单体的随地运动，可以完成甜菜缨叶的清除及青头的切除。通过辊轴的回转带动橡胶条高速转动敲打清理甜菜缨叶；借助梳齿结构及直刀的配合完成定厚切顶作业。该机配套动力 60 马力以上，打叶辊转速为 980r/min，总损失率≤8%，含叶率≤8%，工作效率为 0.16hm²/h。

图 1-35 所示为酒泉科德尔农业装备科技有限责任公司生产的 4TDQ-1500 甜菜打叶切顶机。该机由机架、传动系统、打叶轮、切顶器等部件组成，结构紧凑、安装调整方便，主要用于甜菜收获前的碎叶和青头切除。甜菜打叶切顶机采用双橡胶辊对转，清理甜菜青头缨叶，并完成甜菜缨叶的侧向抛撒；借助仿行平板与直切刀配合，实现定厚甜菜青头切除。该机配套动力为 60 马力以上，打叶辊转速为 980r/min，作业速度为 1.6~2.5m/s，工作效率为 0.3hm²/h。

图 1-34　4TGQ-2 甜菜割叶切顶机

图 1-35　4TDQ-1500 甜菜打叶切顶机

图 1-36 所示为中机美诺科技股份有限公司生产的 TQ2 甜菜切顶机。该机集切缨、仿形、切顶作业为一体，主要由悬挂架、传动系统、切顶刀、圆盘刀、仿形圆盘组件等组成，结构紧凑、故障率低，适于缨叶生长不茂盛的甜菜收获。工

作时，动力由拖拉机后输出提供，经传动系统带动两组锯齿形仿形圆盘转动，实现仿形圆盘组件对缨叶的主动碾压。仿形圆盘组件通过四连杆机构挂接在机架上，通过 2 条压簧预紧力控制锯齿仿形滚筒起伏弹跳，控制甜菜顶端切削量，实现自动仿形功能。圆盘刀被动转动，切断垄两侧的杂草。六方形清洁辊主动转动，清除工作中塞入锯齿仿形圆盘的缨叶和杂草。TQ2 型甜菜切顶机漏切率总损失率≤5%，少切率≤5%，多切率≤5%，切顶合格率≥95%。

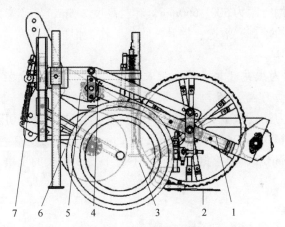

图 1-36　TQ2 甜菜切顶机

1—仿形圆盘组件；2—切顶刀；3—地轮；4—变速箱体；

5—主机架；6—圆盘刀；7—悬挂架

图 1-37 所示为青岛农业大学研发的 4TSQ-2 型甜菜切顶机。该机主要由传动系统、碎缨清缨装置、仿形切顶装置、调整油缸及行走系统组成，可完成甜菜缨叶清除、青头切除的作业。其中，碎缨机构、清缨机构、位置仿形机构和定厚切顶机构决定甜菜切顶机的整体性能。碎缨机构带动甩刀高速回转，粉碎甜菜缨叶；对向转动的 2 个清缨机构将甜菜青头上残余的缨叶除去，保证仿行切顶工作

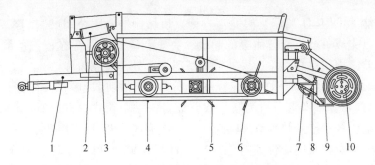

图 1-37　4TSQ-2 型甜菜切顶机

1—牵引架；2—液压油缸；3—传动系统；4—碎缨机构；5—清缨机构 a；6—清缨机构 b；

7—位置仿形机构；8—调压机构；9—定厚切顶机构；10—行走机构

顺畅；位置仿形机构确保切顶机构随地起伏运动，保障切刀与甜菜青头的相对高度，完成定厚切顶作业。该机为定厚切顶作业，无法兼顾不同大小甜菜的切顶效果及质量，适合于甜菜株距不大、缺苗不多的作业条件；碎缨清理装置的转速为800r/min，切顶合格率为93.5%，多切率为2.1%。

图1-38所示为黑龙江北大荒众荣农机有限公司生产的众荣4TS-2甜菜收获机。该机采用轮式挖掘铲、杆式清选抬升装置及液压翻斗式卸料方式，配套动力45~80马力，挖掘行距为500~660mm，卸料高度2.5m，生产率大于0.45hm²/h，可完成双行甜菜的挖掘、清选、抬升、收集工作，但损伤率高，对不同土壤环境的适应性有待提升。

图1-39所示为黑龙江北大荒众荣农机有限公司生产的众荣BSR-575甜菜收获机。该机配套动力大于75马力，采用双茎叶清除器、双铲式挖掘部件、输送链式分离装置，为错行收获方式，可同时实现1行甜菜缨叶切除及1行甜菜挖掘；作业行距为600~660mm，储存仓载重为4t，作业速度为7~10km/h，工作效率为0.18~0.31hm²/h，但挖掘铲易崩，不适于硬度较大的土壤和收获尺寸较大的甜菜块根。

图1-38　众荣4TS-2甜菜收获机　　　　　图1-39　众荣BSR-575甜菜收获机

图1-40和图1-41所示为黑龙江省博兴机械制造有限公司试制的系列甜菜起收机，可以完成单行、双行甜菜的起收、去土和输送，但存在挖掘性能不稳定、清土效果差、损伤率高、输送易拥堵等情况，还处于试制阶段。

图1-42和图1-43所示为黑龙江省依安县勇强农机具制造厂研制的系列甜菜起收机。4TL-2型甜菜起收机为联合收获设备，采用轮式挖掘器对行挖掘，辊轴式装置清杂、杆式抬升装置清理输送，可一次完成甜菜挖掘、清杂及升运，但挖掘性能稳定性及收获适应性还有待提高；4TWP-180型甜菜收获机为分段收获机具，采用铧铲结构振动挖掘、回转指盘式结构清杂，可以完成三行甜菜的挖掘、清理及集条，但存在甜菜损伤率高、黏土清理不净的情况。4TJ-6型甜菜捡拾收获机（见图1-44）适用于甜菜挖掘集条后的捡拾、除杂及收集，主要由仿形集

拢靴、回转指盘清选装置、杆式输送装置、滚筒式清理装置等组成。工作时，该机在拖拉机牵引下前进，甜菜通过仿形集拢靴拾起，再经回转指盘清选装置、滚筒式清理装置完成除杂及输送，后经杆式输送装置输送到随行的另一台甜菜装运车。

图 1-40　甜菜单行起收机

图 1-41　甜菜双行起收机

图 1-42　4TL-2 型甜菜起收机

图 1-43　4TWP-180 型甜菜收获机

图 1-45 所示为常州汉森机械有限公司的 4TJ-140 甜菜联合捡拾装卸机。该机主要由捡拾盘、清洁滚筒、扫波机构、存储仓构成，借助三组分离筛、清理滚筒及扫波机构实现甜菜的捡拾、清理及装载。捡拾盘及清洁滚筒弹齿为 65 锰弹簧钢，刚性好、不松动；扫波机构为多道迷宫结构，防缠绕滴灌带及薄膜，且防尘易拆卸，输送甜菜过程柔和平稳，甜菜破损率低。该机配套动力为 120～160 马力，分离筛盘转速为 87r/min，卸载高度为 3.5m，作业速度为 5～10km/h，工作效率为 0.66～1.0hm²/h。

图 1-44　4TJ-6 型甜菜捡拾收获机

图 1-45　4TJ-140 甜菜联合捡拾装卸机

　　此外，新疆农垦科学院农机研究所研制的 4TJ-4 型甜菜挖掘集条机主要由传动系统、组合式挖掘部件、捡拾圆盘总成和集条栅栏等组成。该机与铁牛-55 配套使用，可采用手轮调节滑掌总成升降，能够调整捡拾圆盘的位置及倾角。工作时，甜菜被组合式挖掘装置从土壤中挖掘出来，在捡拾圆盘及内外弹性挡壁的共同作用下进行捡拾和清理，再经集条栅栏集成条铺，完成挖掘集条作业。该机结构紧凑、整机重量轻、生产率高、使用可靠、调整维修方便，对行距适应性好，可以一次实现甜菜宽窄行铺膜条件下的四行挖掘作业。4WJ-2 型甜菜挖掘集条机与铁牛-55 拖拉机配套使用，采用小铧铲深刨及圆盘挖掘起拔的原理，将甜菜块根送入清理圆盘筛选并被集放成条。这种机械收获方式，含杂率低，便于后续人工切顶和去尾根，但常因后续收集运输工作跟不上使得甜菜容易失水、冻伤，给农户带来一定的经济损失。吉林省长春市农机研究所研制的 4TW-2 型甜菜挖掘机可与东方红-28 拖拉机配套使用，主要由机架、挖掘部件（圆盘刀和挖掘叉）、捡拾清理装置、放铺机构、行走轮等组成，适用于垄距 600~700mm 的甜菜收获，还可以起收玉米、高粱和谷子等作物茬及胡萝卜等单株块根作物。该机械结构简单、损失小、起收干净，损失率为 5.5%（4.5% 是埋藏率），挖净率达 99.1%。黑龙江北大荒众荣农机有限公司生产的 4TS-2C 型覆膜甜菜收获机主要由挖掘铲、圆盘刀、传送链、提升部件等组成，可一次完成铺膜及甜菜秧的分离，解决覆膜甜菜不能联合收获的问题，并可与甜菜装运车配合使用，是甜菜种植户理想的覆膜甜菜收获工具。工作时该机利用圆盘刀切断垄旁两侧的多余地膜，挖掘铲将甜菜和地膜一起挖起并输送到杆式输送抬升装置，借助一级和二级输送链的速度差将地膜拉断，并依托离心力将缨叶、地膜等杂质抛落地面，甜菜自由滚落到卸载输送链上，完成甜菜块根的装卸任务。该机作业速度为 1.8~2.5km/h，块根重损伤率不超过 5.4%，轻损伤率不超过 7.6%。黑龙江省农垦科学院研制的 4TL-2 型甜菜联合收获机主要由机架、除秧装置、切顶装置、挖掘装置、清理装置、输送装置、传动系统、控制系统等组成，可一次性完成 2 垄甜菜的切顶、清理、挖掘、输送、分离、收集、装车等作业。该机配套动力为65马力拖拉机,作业速度为5~10km/h,收获行距为450~800mm,收获行数2行,块根挖净率≥98%、损伤率≤7%、含土率≤6%。面对急需解决的甜菜收获问题,国内各种设计思想涌现。如中机美诺科技股份有限公司的一种牵引式甜菜联合收获机及其控制系统(专利公开号CN102498818A),如图1-46所示。该思想涉及一种集成电液控制的牵引式甜菜联合收获机。其包括牵引架、传动机构、机架、组合挖掘装置、拨送机构、液压油箱、集果箱、水平输送台、行走装置、后输送装置及液压马达,结构复杂,造价成本高。西北农林科技大学的一种甜菜收获机(专利公开号CN102124859A)如图1-47所示,其由机架、切刀、仿形轮组、拨轮组、铲刀组、地轮、收集箱、变速箱和传动系统组成,可一次完成去顶、挖掘、捡拾抛送和收集等工序。其中,拨齿与铲刀交错配合,铲刀组由弧形弯刀构成,拨轮组由一组带有橡胶拨齿的等间距的拨轮组成。农业部南京农业机械化研究所彭宝良、胡志超等研发了具有自清理功能的甜菜收获机仿形切顶机构(专利公开号CN103039174A)。该机构具有清理和仿形切顶的功能,能够将积压在切顶机构上的根头及时清理,可避免仿形切顶器的堵塞。山西的李永录提出了一种甜菜收获机(专利公开号CN101554109),它由机架、传动箱、链轮箱、缨钢丝盘、挖掘铲和铲柄固定套等组成,主要解决甜菜收获中块根损失大和设备结构复杂、成本高、作业效率低的难点。

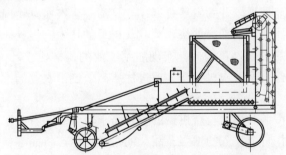

图1-46 一种牵引式甜菜联合收获机及其控制系统

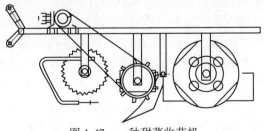

图1-47 一种甜菜收获机

通过调研分析可知,我国甜菜收获机主要为国外机具的仿制,虽然取得了一定的成绩，但还处于发展阶段。与国外先进的机械产品相比，国产甜菜收获机主要为分段收获设备，配套动力小、规格型号少、结构简单、生产效率低、技术性和可靠性差。由于甜菜收获季节性强、劳动强度大，联合收获机可一次完成多种作业工序、作业生产率高，故将逐步取代分段收获机具。目前，甜菜挖掘装置品型繁多，但工作条件和土壤环境有限，存在挖掘易拥堵、性能稳定性差、挖掘损伤率高等问题。随着甜菜种植面积的增大、机具操作要求及自动化程度的提高，对甜菜收获装置的研发要求越来越高。目前国内甜菜切顶机多采用甩刀粉碎机构+清缨机构+仿行切顶机构、主动圆盘式仿形机构+平直刀切削机构；挖掘收获机以叉式、铧式和组合式挖掘装置为主，配合杆式输送装置、回转指盘式清选装置及滚筒式清选装置完成甜菜挖掘及除杂；捡拾装卸机主要完成甜菜的捡拾、除杂及装载工作的融合。国内现有的甜菜生产装备的关键结构和理论研究较少，整体技术水平较国外同类机型偏低，并在一定程度上限制了甜菜生产技术的提升和发展。其中，组合式挖掘铲的入土及导向性能较好，对各类土壤的适应性强。从实际使用效果看，国内机具还存在农机农艺结合不好、工作部件易壅土堵塞、分离效果不明显等问题，缺乏可以在我国大面积推广应用的成熟机型。

1.5　选题的目的和意义

随着人们食品安全意识日益加强，甜菜及甜菜碱等副产品的需求量正在逐步增加，给甜菜产业带来较好的发展机遇。立足甜菜生产实际情况，为提高我国现有收获装备的整体技术水平，加快甜菜收获机具的技术升级，研制符合我国国情和甜菜种植农艺的甜菜收获机械，实现甜菜产业的机械化生产，对解放生产力，提高甜菜种植收益，发展农村经济，促进优质高效创汇农业的发展有着十分重要的意义。

目前，国内市场对甜菜收获机械的整体需求较大。随着国家对农业的政策扶持和农机科研工作资金投入的增强，甜菜的机械化生产将面临新的春天。从我国现有机型的实际使用效果来看，引进的国外收获装备的技术性能和使用可靠性都较好，但价格十分昂贵，与我国甜菜种植户的购买力水平和甜菜的经济效益形成巨大反差；国内研发的收获机械很难适应不同的作业环境，机械质量和作业性能都不能满足大面积推广的要求。因此，改变我国甜菜机械化生产落后的局面，实现甜菜机械化收获，从我国甜菜全程机械化的实际情况出发，提高国产机械装备的研发能力和装备的供给能力才是唯一正确途径。

经过 30 多年的研究和探索，我国已经逐渐积累了一定的甜菜收获装备研发经验，但还处于对国外机型仿制的阶段，对甜菜收获机的研发还主要依靠设计经验和试验验证来完成，关于甜菜收获机关键部件的理论分析及技术研究还相对薄弱。因此，结合甜菜种植区域相对集中和大中型动力配置多的特点，在对国外先进技术装备消化吸收的基础上自主研发符合我国两段收获方式的牵引式甜菜联合收获机，对于提高我国技术储备，提升自主研发水平和创新能力，缩短我国与发达国家的甜菜装备技术差距，改变我国甜菜机械化生产的落后面貌，满足我国现阶段广大甜菜种植用户的迫切需求具有重要的意义和紧迫性。本书对于实现甜菜收获装备的国产化，丰富我国收获机装备品种，改变机型结构不合理的格局，加快自走式联合收获机和牵引式联合收获机的研制具有重要的现实意义。

1.6 研究目标和内容

1.6.1 研究目标

针对中国甜菜种植的模式和生产体制，以配用中型动力的甜菜联合收获机为研究对象，将简化结构和提高作业质量为目标，在充分掌握甜菜收获时的生长状态、田间特征及物理机械特性的基础上，重点研究甜菜收获机的导向、挖掘及分离装置的工作原理和技术，借助样机田间性能试验与 ANSYS、ADAMS 等仿真软件对关键部件的结构参数与性能进行优化，研制出适应中国甜菜种植特点的甜菜联合收获机，实现甜菜的挖掘、去土、输送、清理和集果等技术的集成。

1.6.2 研究内容

研究内容主要包括以下几方面：

（1）研究我国甜菜种植农艺及国内外甜菜收获装备现状，确定甜菜收获模式和工艺流程，明确甜菜联合收获机械的设计方案及技术路线，并阐述甜菜联合收获机的工作原理及结构特点。

（2）研究收获期内的甜菜的生长状态和物理机械特性，确定甜菜的田间分布状况、物理几何模型、压缩力学特性及起拔力影响因素，为导向系统和挖掘装置等的关键参数选定提供参考。

（3）分析挖掘收获装置的结构及挖掘机理，构建参数关系、运动学模型及力学模型，借助 ANSYS 有限元软件分析土壤及装置的受力及变形情况，并采用田间试验获得挖掘性能模型和最佳参数组合。

（4）研究机-液融合的接触式导向装置，分析导向装置的参数关系及运动特征，借助田间试验及响应曲面优化方法，建立参数与导向效果指标的数学模型，分析参数对性能指标的影响规律，确定关键参数范围及其最佳参数组合。

（5）研究输送清理装置结构及工作特点，分析参数关系及运动特征。借助 ADAMS 仿真软件，分析输送清理机理及参数影响规律，确定最佳参数组合，保证甜菜的输送清理效果。

（6）对样机性能进行综合评价，考察样机的性能指标、作业质量、适用性和可靠性等情况，并对存在问题进一步改进和完善，使样机基本满足收获要求。

1.7　研究方法及技术路线

1.7.1　研究方法

通过对国内外甜菜收获装备的广泛调研和资料检索，全面分析相关机具的工作原理、运动特征、结构特性和应用情况，并归纳和总结现有装置存在的问题与不足。结合甜菜的种植模式和农艺特点，借鉴国内外较成熟的结构形式和工作方法，完成样机的设计、制造与试验改进及完善。

本书拟采用统计学理论及方法分析甜菜的生长状况和物理机械特性，运用 Solidworks 软件进行机械设计与三维建模，结合土力学、理论力学、动力学及优化设计理论等构建参数关系及性能模型，借助虚拟样机技术、ANSYS、ADAMS 及 MATLAB 软件等分析关键部件的受力及运动特征，通过数字化和参数优化等设计方法改进样机的结构，利用理论与试验研究相结合的方法完成样机的综合评价和改进。

1.7.2　技术路线

技术路线如图 1-48 所示。

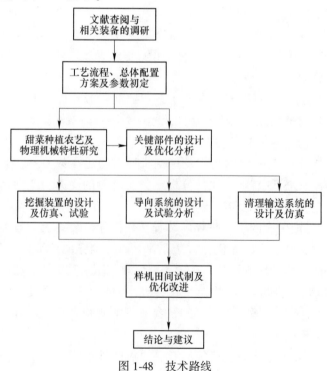

图 1-48　技术路线

1.8 本章小结

本章介绍了我国甜菜种植农艺状况和国内外甜菜收获装备现状，指出了实现甜菜机械化收获的重要意义和紧迫性。结合收获机械的技术瓶颈，分析了现有甜菜收获装备种类和特点，为解决我国甜菜块根的收获问题提供了新的思路。针对国外甜菜联合收获机配套动力大、机型复杂、制造成本高、销售价格高、适应性不理想的问题，国内机械大中型农机具缺乏、品种与规格不多、技术水平不高、研制知识储备不够等问题，提出了切实可行的研究目标、内容和技术路线，为解决甜菜机械化作业的薄弱环节、丰富收获机具研制的技术储备和提高同类装备的研发指明了方向。

2 甜菜联合收获机的总体设计及配置方案

我国对甜菜收获机械的研制还处于起步阶段。由于研发投入不足等原因，我国甜菜收获装备和技术创新的速度相对缓慢，甚至原地踏步，以至于与世界先进技术水平的差距逐渐拉大，至今还没有得到大范围的推广使用。现有的国产机型的规格型号少、品种缺门短项，从国外引进的大型、超大型收获机械存在适应性不强、价格较高等问题，无法在国内普及推广，影响了甜菜种植业户购买机具的积极性。要改变我国甜菜生产机械化落后局面，必须加快甜菜收获机具的研发速度，研制出适合我国当前国情、性能稳定、高效优质的收获机械。立足于我国甜菜的种植农艺和农机具动力配备状况，选择适宜的甜菜收获模式，结合联合收获的功能要求和工艺流程，完成甜菜挖掘、抛送、输送、去土和收集等技术集成，并确定最佳的收获结构配置，对推进甜菜的机械化收获进程具有重要的意义。

2.1 总体设计

2.1.1 设计要求

甜菜联合收获机主要由液压控制系统、导向、挖掘、输送、清理、升运和收集等工作模块组成，适合甜菜的大地块种植模式，是一个高效率的机液一体化产品。根据工作环境和使用要求，甜菜联合收获机应满足甜菜的农艺要求，达到高作业生产效率和经济性能，方便操作员的工作，完成一整套的收获功能。为了提高收获机械的适用度，甜菜收获机配置应满足以下要求：

(1) 确保收获工艺流程顺畅和连续，保证较好的作业质量；

(2) 操作稳定性强，行驶平稳顺畅；

(3) 结构紧凑，具有较好的通过性；

(4) 整机刚度好，稳定性强。

根据《甜菜收获机作业质量》等国家相关标准规定，甜菜联合收获机的作业质量要求应达到以下指标：

(1) 块根损失率≤5%；

(2) 块根含杂率≤7%；

(3) 根体折断率≤6%；

(4) 块根损伤率≤5%。

2.1.2 工艺流程选定

我国甜菜种植区域广泛,主要集中在东北、华北和西北地区。这些种植区域地广人稀,畜牧业发达,昼夜温差大,病害轻,甜菜的单产和含糖率高,是甜菜生长发育较理想的区域,并建立了以博天糖业股份有限公司、中北糖业集团公司等大中型糖厂为中心的甜菜生产和加工区。随着国家对农业机械的政策扶持和资金投入的倾斜,甜菜生产技术和机械得到了一定的发展。其中,甜菜育种和移栽技术的发展为甜菜收获机械的研究奠定了基础。根据前期调研,欧洲和美国的产品以大型高效自走式联合收获机和牵引式联合收获机为主,少部分为牵引式分段收获单机;日本和韩国的产品多为中型牵引式联合收获机和分段式收获机;我国的甜菜收获机的规格型号少、技术性能低、可靠性差,与国外相比产品落后 2~3代。以农户为主体的种植模式、购买能力和中型配套动力拥有量增加的特点,决定了在今后一段时期内,中型动力配套的甜菜联合收获机具将是我国甜菜研究和推广的主要对象。

甜菜收获是甜菜生产过程中劳动强度大、费时费力的关键环节,主要包括切顶、挖掘、清选、堆积和装运等作业环节,是甜菜生产机械中需要重点突破解决的环节。当前,甜菜收获可采用犁或挖松机进行简单挖掘,然后人工完成捡拾、切顶、去土及装运等工序。虽然人工收获工作强度大、时间长、成本高,但甜菜损伤小、收获质量高。随着机械化收获技术的发展及大面积收获压力,机械化收获面积逐渐增加,并逐渐代替人工收获。打叶机、切顶机、挖掘机、捡拾装载机等是重要的机械化分段收获装备,可完成甜菜打缨、切顶、挖掘、清理、装运等作业。这类装备体积动力小、结构简单、维护方便、成本相对低,是当前利用率高的主流收获设备。按照收获的工艺流程,甜菜收获可分为 2 段收获法和 3 段收获法。2 段收获法,即甜菜收获过程需要 2 台机具完成。由 1 台机械完成打缨+切顶+挖掘作业,另 1 台设备完成捡拾+装运工序;或由 1 台设备完成打缨+切顶作业,而另 1 台设备完成挖掘+捡拾+装运工序。3 段收获法,即需要功能不同的3 台设备来完成整个收获过程。由 1 台设备负责打缨+切顶,1 台设备负责挖掘+集条,另 1 台设备负责捡拾+装载。苏联常用先打缨、切顶后挖掘、捡拾和装载的工艺;法国多采用先打缨、切顶、挖掘后捡拾和装载的 2 段收获工艺。德国、英国、奥地利和瑞士等一般采用完成切顶后,再挖掘甜菜并堆积,最后进行捡拾和装运的 3 段收获工艺。因国外拖拉机多带有前悬挂装置,部分厂家采用拖拉机前悬挂连接打缨切顶机和后悬挂挖掘机的方式,将打缨、切顶、挖掘工序一次完成,提高机械的工作效率。目前,先打缨+切顶+挖掘,后捡拾+装运的 2 段收获方式为常用收获工作流程。联合收获是今后的机械化收获的发展方向,采用 1 台设备完成打缨、切顶、挖掘、清理、输送、装运等工序,自动化程度及生产效率高，受自然环境及灾害影响小，但动力利用率低、一次性投入成本高，适于大面积、标准化甜菜种植的收获作业。根据工艺流程，甜菜联合收获可分为拔取式和挖掘式2种类型。拔取式联合收获机主要用于缨叶茂盛的甜菜收获，可将缨叶收获或铺放于田间。收获时，甜菜经挖掘装置拔出，由输送装置向后夹持运送，经切顶机构完成切顶，并由提升装运机构完成甜菜块根的清土和收集。这个收获流程工艺收获的甜菜清杂效果好、损伤小、缨叶可综合利用，但对甜菜缨叶的力学特性及收获机构配合要求高。挖掘式联合收获机为主要的收获机型，通过打缨、切顶、挖掘、清理、输送、提升、装运等流程完成甜菜的收获。该类收获流程收获的甜菜含杂率相对高、块根损伤率高，对收获时间和缨叶力学特性没有特殊要求。按动力类型及机构布置关系，联合收获机又分为悬挂式、牵引式和自走式。悬挂式联合收获机多采用大中型马力拖拉机作为动力主体，前方悬挂打缨切顶机、后方悬挂挖掘清理收集设备，可实现4~6行甜菜的挖掘收获。如法国AD3000型甜菜联合收获机。牵引式联合收获机多与大功率拖拉机配套使用，可提高动力的使用率。该类机械多融合挖掘、清理、升运、装载的功能，收获前多提前打缨切顶，晾晒缨叶及切口，可实现2~3行甜菜的收获。如日本的TBH-1甜菜联合收获机、英国MK型甜菜联合收获机、美国艾美特甜菜联合收获机。自走式联合收获机的动力配置较大、功能较全、结构紧凑，为甜菜收获的特用装备。该类机械结构复杂、生产率较高，制造和使用水平要求高，在大面积收获时经济效益显著。如荷马T系列甜菜联合收获机、德国罗霸甜菜联合收获机等。甜菜收获方式和机具特点见表2-1。目前，我国甜菜收获可分为两类：一类是先采用切顶机对甜菜块根切顶，然后由收获机对甜菜块根进行挖掘、清理、装载的2段收获模式；另一类是由联合收获机一次性完成甜菜切缨、挖掘、清理、装载的全自动收获模式。从国外引进的甜菜收获机的应用效果来看，自走式联合收获机前置叶顶切除机构，后悬挂块根挖掘机构、块根清理及装载机构，可以完成甜菜收获过程中的全部作业，机械化程度高、操作方便、作业质量较好；牵引式联合收获机一般采用后悬挂机组，可收获6行或3行甜菜，整体用工少、效率高、经济性好。但国外机械都存在机器结构复杂、配套动力大、投资大、有效使用率低的问题，在小面积作业时，经济性较差，不适应我国的国情。

表 2-1　甜菜收获方式和机具

收获方式	主要收获工序			特　点
	除缨切顶	挖掘捡拾	清理装载	
人工收获	人力手工工具			劳动强度大，生产率很低
部分机械收获	人力手工工具或固定作业机械	简单挖掘机	人力手工工具	减轻了劳动强度，提高了生产率

续表 2-1

收获方式	主要收获工序			特　　点
	除缨切顶	挖掘捡拾	清理装载	
两段机械收获	除缨-挖掘-集条机甜菜捡拾-清理-装载机			与联合收获机相比，所需机具和操作人员较多，机具结构简单，制造容易，工作效率高，适合大面积收获。分段机具可以单独使用，完成相应的工序。有的机具可与大功率拖拉机和专业底盘配合使用，进行联合收获
三段机械收获	缨叶收获机甜菜挖掘-清理-装载机			
	缨叶收获机	甜菜挖掘-清理-集条（堆）机	甜菜捡拾-清理-装载机	
联合收获	牵引式联合收获机			融合挖掘、清理、升运、装载的功能，收获前多提前打缨切顶
	悬挂式联合收获机			大中型马力拖拉机前方悬挂打缨切顶机、后方悬挂挖掘清理收集设备
	自走式联合收获机			一次完成各个主要收获工序，生产率很高，机器结构复杂，制造和使用水平要求高，但在大面积收获时，才能收到经济效果

由此可见，针对甜菜种植地块大、收获时间紧、任务重的特点，研发一种与中型动力配套的牵引式收获机具，既可适应机器配套动力的现状，又可以扩大机具和配套动力的综合利用。结合甜菜种植状况和块根的力学特征，采用一次性完成切顶后双行甜菜块根的挖掘、清理、升运和装载的全自动收获模式，可以做到甜菜的"随挖掘、随捡拾、随堆积、随储藏"，对现阶段甜菜的种植和收获更有实际意义。其收获工艺流程及关键部件，如图 2-1 所示。

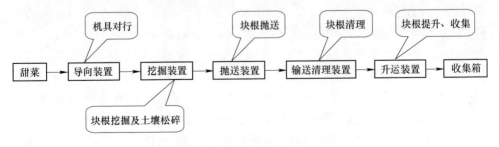

图 2-1　收获工艺流程及关键部件

2.1.3　甜菜联合收获机的结构及工作原理

立足国内的动力配套状况和甜菜种植农艺特点，该机械主要由液压系统、传动系统、导向装置、挖掘装置、抛送装置、输送清理装置和升运装置等组成，能够一次性完成甜菜的挖掘、去土、输送、提升和收集作业。其牵引架通过螺栓与机架铰接，并置于机架前方；导向装置、挖掘装置、抛送装置、输送清理装置位于机架下方，分别完成甜菜联合收获机的实时对行和甜菜块根的挖掘、抛送和去土功能；升运装置位于机架后方，将甜菜块根提升并汇集到机架上方的收集箱内；液压系统主要为后升运装置提供动力，并控制机架升降、机具自动对行和卸料，使机具结构简单、调整方便、运行可靠，在一定程度上减轻了甜菜收获的劳动强度，提高了生产效率，增加农民收益。甜菜联合收获机的结构如图 2-2 所示，主要性能参数见表 2-2。

表 2-2　圆盘挖掘式甜菜联合收获机主要参数

参　数	数　值
配套动力/kW	29.4
作业速度/km·h⁻¹	4~6
行距/mm	600
挖掘深度/mm	0~200
行数	2
外形尺寸(长×宽×高)/mm	4500×1650×2700
整机质量/kg	1800

工作时，甜菜联合收获机的悬挂架前部与拖拉机后悬挂点连接，在拖拉机的牵引下，借助行走轮前行。收获时，导向装置的导向杆分别位于甜菜块根的两侧，借助甜菜外轮廓与导向探测杆的接触，牵动导向转向机构运行，实现收获机具前进方向的自动调整。两个挖掘圆盘借助其与土壤的摩擦阻力被动滚动，对含有甜菜块根的土堡进行切割、松动、挖掘和松碎；由于挖掘部件的两圆盘形成前宽后窄的"倒八字"的空间结构，被挖起的甜菜块根随着挖掘部件的滚动被提升到一定高度，并被抛送装置拨送到后方的输送清理装置；块根与土壤的混合物在杆式输送链和螺旋辊筒共同作用下完成定向输送和分离；最后甜菜块根被升运装置的两条杆带式输送链夹持提升，并落入到收集箱。

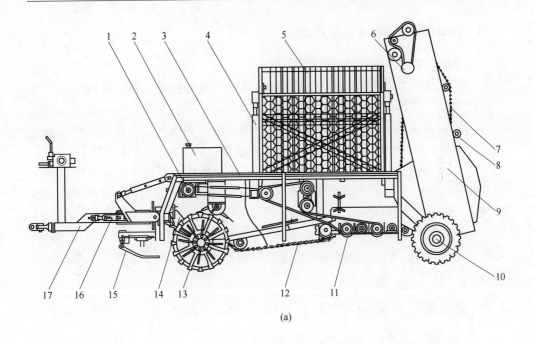

(a)

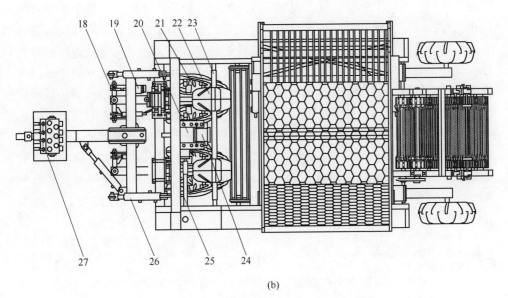

(b)

图 2-2 圆盘挖掘式甜菜联合收获机结构示意图

（a）主视图；（b）俯视图

1—链轮Ⅰ；2—油箱；3—机架；4—卸料油缸；5—收集箱；6—液压马达；7—杆带式输送链；

8—压紧轮；9—升运装置机架；10—行走轮；11—螺旋辊筒；12—杆式输送链；13—挖掘圆盘；14—轴承套；

15—导向杆；16—转向油缸；17—悬挂架；18—导向架；19—手动换向阀；20—齿轮箱；21—圆盘轴臂架；

22—抛送轮；23—抛送轮轴；24—齿轮油泵；25—传动轴；26—升降油缸；27—多路控制阀

2.1.4　甜菜联合收获机的主要特点

甜菜联合收获机的主要特点如下：

（1）采用圆盘式挖掘结构，适应甜菜单株种植的特点，有效减少了工作部件的挖掘量，降低了挖掘阻力和功耗。

（2）圆盘滚动式挖掘原理将土垡的挖掘、松碎和提升工作融为一体，简化了总体结构，减轻了块根的损伤和后续工序的作业量。

（3）借助机液一体的传动系统，简化了传动系统，提高了收获机的自动化程度和传动效率。自动导向控制系统，有效保证了机构运动的可靠性和对行收获的精度，降低了收获损失，减轻了驾驶员的工作强度。

（4）采用杆式输送器和螺旋辊筒融合的输送清理装置，简化了机具的结构，降低了制造成本，一次完成了块根、土壤和杂质的有效分离，实现了块根的定向输送。

2.2　总体配置方案

圆盘挖掘式甜菜联合收获机由多个执行部件组成。只有各个组成部分在功能上相互承接，空间上相互关联，实现部件间的有机结合，才能使得整个机械系统协调工作，完成预定功能。按照确定的收获工艺流程，甜菜收获机的导向装置位于机具的前方，通过液压控制系统调整机具的前进方向，并尽可能接近挖掘装置以保证挖掘装置的挖掘效果。挖掘装置通过提升油缸控制挖掘深度和位置，最大提升离地高度可达到300mm，具有较好的通过性。抛送装置位于挖掘和输送清理装置之间，主要起到抛送甜菜块根的目的，以此减少后续清理工作的负担。输送清理装置具有输送和清理块根的双重功能，可以保证块根的清理质量。升运装置连接于输送清理工序之后，主要将块根收集并输送到收集箱内。为了保证整机的稳定性，一般采用背负式的收集箱。这种收集箱布置方便，结构简单，重心较低。升运装置末端与收集箱底的落差由甜菜块根的力学特性确定，一般为1000mm左右。

2.2.1　机位调节方式

为了保证机械运输和工作的需要，现有的收获或挖掘机械中常采用两种形式的液压系统来限定收获机具的工作位置。一种是通过安装在特定位置的液压系统控制工作部件的机架的起落。这种调节机位的方式是直接控制机架提升，升降调整范围较大，结构如图2-3（a）所示。另一种是通过拖拉机的提升机构，使得整个机械的主机架绕着地轮轴倾斜。这种调节方式机构简单，不需要辅助的机架，可降低机械的成本，主要用于紧接在拖拉机后方的工作部件的位置调节，结构如

图 2-3（b）所示。结合甜菜联合收获机的牵引式的连接方式，选用两个升降油缸完成挖掘装置的工位调节，既可保证工作部件的离地间隙和提升稳定性，又可简化机架的结构。机位调节的结构如图 2-4 所示。升降油缸缸径为 63mm，杆径为 35mm，闭合长度为 520mm，行程为 220mm，工作压力为 16MPa。甜菜联合收获机利用升降液压油缸的伸缩，可以完成工作装置工位的调节。挖掘装置的最大离地高度可达 300mm，挖掘深度达 200mm，输送清理装置离地最大高度为 350mm，能够满足甜菜联合收获机的运输和工作需要。

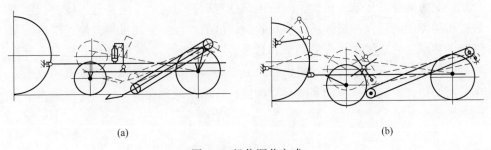

(a)　　　　　　　　　　　　　　　　　(b)

图 2-3　机位调节方式

（a）液压油缸升降调节系统；（b）拖拉机提升调节系统

（实现为工作位置，虚线为运输位置）

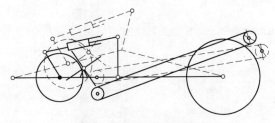

图 2-4　机位调节结构

（实线为工作位置，虚线为运输位置）

2.2.2　传动系统

国外甜菜联合收获机自动化程度相对较高，传统系统多采用液压传动、电子控制等装置，可实现甜菜收获的精准调整，保证机构运动的可靠性和收获质量，但整体的造价和维修费用较高。我国现有的机械多采用机械传动，动力输出有限，通常传动系统结构复杂、效率低、受空间布局影响较大。为此，该动力传动方案采用机械和液压传动相结合的传动方式，既保证了动力的充沛，又在一定程度上体现了液压传动的优势。该系统有效地简化了传动结构，改善了驱动系统的性能，使得传动结构紧凑、效率高、操作方便，实现了操作和控制的多样性和可控性。

　　圆盘挖掘式甜菜联合收获机采用分路传动系统，由机械传动系统和液压控制系统两部分组成。工作时，动力经拖拉机的后动力输出轴传给安装在机架上的齿轮箱。一路动力经齿轮箱动力输出轴和输送系统主动轴后，通过链条带动抛送装置中的抛送轮轴转动，实现抛送轮的抛送功能；同时动力经输送链主动轴和螺旋辊筒轴带动输送清理装置中的杆式输送链和螺旋辊筒转动，实现甜菜块根的输送、去土。另一路动力带动安装在齿轮箱后方的齿轮油泵转动，使得液压油从油箱流出，通过换向阀流向不同的液压回路，并依据工作需要通过手动换向阀手柄分别控制安装在升运装置机架上的液压马达转动，带动后升运装置运动；控制安装在机架侧向的转向油缸伸缩，实现收获机械的对行；控制机架升降油缸或卸料油缸的伸缩，完成挖掘深度的调节和甜菜装卸。同时，为了提高收获机自动导向对行的效果，在液压系统中增设由稳压分流阀、手动换向阀和导向油缸组成的自动导向回路，实现收获机的实时对行调整。传动系统如图 2-5 所示。液压系统机能如图 2-6 所示。

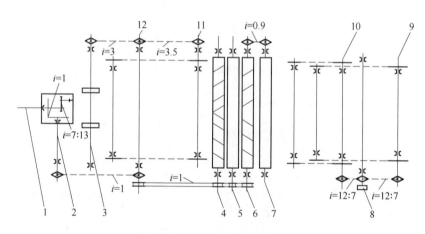

图 2-5　传动系统图

1—动力输入轴；2—动力输出轴；3—抛送轮轴；4，6—螺旋辊筒轴；5，7—钢辊轴；8—液压马达；
9，10—升运链主动轴；11—输送链主动轴；12—输送系统主动轴

　　甜菜联合收获机的牵引式工作方式，使得拖拉机动力输出轴与收获机距离较大。采用齿轮箱铸件可以实现传动轴准确定位，保证动力传输过程的稳定，起到很好的动力传递和变向的效果。齿轮箱的结构及装配关系如图 2-7 所示。在齿轮箱中，采用一对锥齿轮完成动力的 1∶1 转向，一对传动比为 7∶13 的直齿轮带动齿轮泵转动。结合经验，该机选用 CBT-E-550 齿轮泵（额定压力 20MPa，排量 0.05L/r，额定转速 2000r/min），ZD-L102-YT-000 多路换向阀（额定压力 16MPa，排量 40L/min），手动换向阀 34SM-L10H-T（额定压力 31.5MPa，流量 10L/min），单路稳定分流阀 FLD-151（额定压力 12.5MPa，流量 15L/min）。

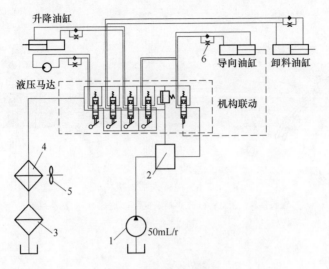

图 2-6　液压系统图

1—齿轮泵；2—分流阀；3—过滤器；4—散热器；

5—冷却风扇；6—单向节流阀

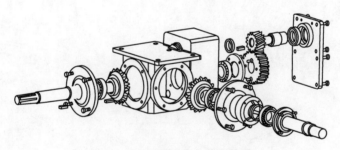

图 2-7　齿轮箱结构及装配关系

2.2.3　抛送装置

抛送装置是将已挖起的甜菜块根喂入输送清理机构的重要部件。根据喂入方式的不同，其可分为抛掷式、链式、轮式、圆盘式。其结构如图 2-8~图 2-11 所示。抛掷式喂入机构为旋转件，由刚性幅板与橡胶件等组成，利用加固在幅杆上的橡胶件将块根拨落到输送清理机构上。链式喂入机构主要依靠链条的拔取力和挤压力将含有块根的土壤混合物输送给清选部件，或利用拔取机构将甜菜拔取后夹紧往后输送来实现块根的喂入。轮式和圆盘式喂入机构一般安装在挖掘铲的上方，结构相对复杂，可将挖起的块根抛向后面，并分离部分泥土，通常与铧式或叉式挖掘器配套使用。因此，该机结合挖掘装置的特征，选定抛掷式的喂入方案。

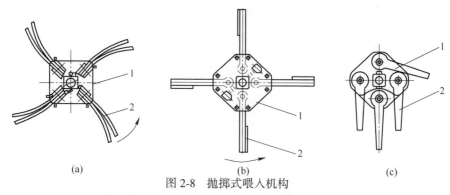

(a)　　　　　　　　　　(b)　　　　　　　　　　(c)

图 2-8　抛掷式喂入机构

（a）橡胶带双幅条式；（b）单根胶皮带双条式；（c）活动幅条式

1—幅板；2—橡胶件

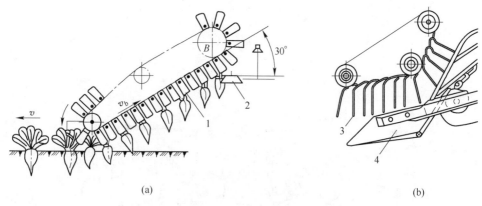

(a)　　　　　　　　　　　　　　　　　　　(b)

图 2-9　链式喂入机构

（a）拔取链式；（b）挤压链式

1—拔取机构；2—切刀；3—链条；4—挖掘铲

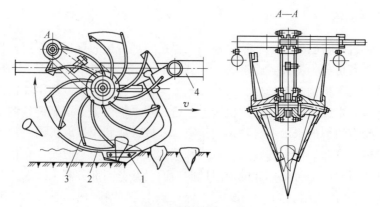

图 2-10　轮式喂入机构

1—挖掘铲；2—前杆；3—击送幅杆；4—挖掘器梁

　　考虑整机的协调性，抛送装置位于挖掘装置的后上方，利用轴承座固联在机架上，通过抛送轮轴带动抛送轮转动，可将挖掘部件挖起的甜菜顺利拨送到后输送分离装置中，既可实现土壤与甜菜的分离，又可防止甜菜的堆积和土壤的壅堵。抛送轮为旋转件，主要由幅板、加强筋、橡胶板等组成。抛送轮上均布安装3个幅板，橡胶板厚6mm，具有足够强度，可完成甜菜连同土壤的抛送工作。抛送轮结构如图 2-12 所示。工作时，抛送轮以一定的速度与挖掘圆盘同向转动。当甜菜被挖掘圆盘提升到一定高度时，安装在抛送轮的幅板上的橡胶板与甜菜发生接触，并给予甜菜一定的速度，使其抛送到输送分离装置，同时对输送链的运动产生扰动。抛送轮的转速影响甜菜块根抛送的距离和下落的速度。当抛送轮转速较高时，甜菜损伤和输送链的扰动会增强；转度过低时，抛送甜菜不及时，会出现堵塞，影响工作效果。根据经验，通常抛送轮的线速度 v_1 与机具前进速度 v_m 具有一定的关系，即 $v_1 = (2 \sim 4)v_m$，且适宜速度为 $3 \sim 4\text{m/s}$。结合田间试验，初步确定抛送轮转速为180r/min。

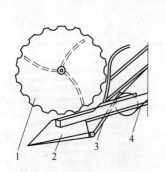
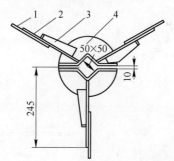
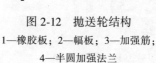

图 2-11　圆盘式喂入机构
1—喂入圆盘；2—挖掘铲；
3—提升杆；4—输送器

图 2-12　抛送轮结构
1—橡胶板；2—幅板；3—加强筋；
4—半圆加强法兰

2.2.4　升运装置

　　升运装置是农业机具中重要的部件。有效、低损伤地将块根输送到收集箱内是升运装置设计的目标。当前，在农业机械中，常用的升运装置可分为气流式和机械式。其中，链条式、夹带式、刮板式的提升机构多用于块根类作物的升运。链式升运装置占地面积小，可以有效利用空间；能够实现连续输送，且输送能力强。夹带式升运装置主要通过两条带间的夹紧力实现对物体的夹持和连续输送，对夹持物的体积和形状的适应性强，空间利用率高。刮板式升运装置是在链条式升运的基础上，通过在链条上安装刮板等传运齿，实现物体的水平输送或倾斜输送，以提高装置的提升效果和适应性。结合甜菜块根的特点，该机采用杆带式输送链结构，将甜菜块根提升并装入收集箱内。

　　为简化升运结构，有效减少块根的损伤，升运装置位于收获机后方，采用两条杆带式输送链夹持甜菜块根提升。该装置主要由液压马达、张紧轮、杆带式输送链和压紧轮等组成。其结构如图 2-13 所示。其中，杆带式升运链的制造工艺简单，抖动平稳性好，磨损速度较慢，去土效果明显，与块根接触表面光滑，不易损伤块根。杆带式输送链具体结构如图 2-14 所示。工作时，液压马达提供动力，带动两条杆带式输送链夹持着甜菜运动，完成甜菜块根的提升；甜菜借助自身的运动惯性和重力被抛落到收集箱内。在压紧轮的协助下，杆式输送链可以适应对不同大小甜菜的夹持和升运工作。为了保证甜菜的喂入和提升效果，减少升运过程中的甜菜块根损伤，升运装置的杆带式输送链的运行速度应小于螺旋辊筒速度，且近似于机具的作业速度。

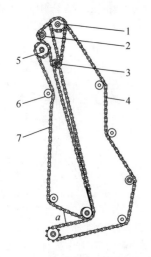 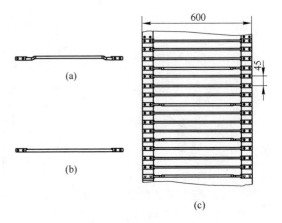

图 2-13　升运装置结构示意图　　　　图 2-14　杆带式输送链结构

1—杆带式输送链Ⅰ主动轮；2—张紧轮；　　（a）弯杆；（b）直杆；（c）杆带式输送链

3—液压马达驱动轮；4—杆带式输送链Ⅰ；

5—杆带式输送链Ⅱ主动轮；6—压紧轮；

7—杆带式输送链Ⅱ

　　根据工作需要，确定该机杆带式输送链Ⅰ和杆带式输送链Ⅱ长度为 6480mm 和 4590mm，且采用 3 根弯杆和 1 根直杆交替安装的方式，以防止块根在夹持输送过程中的滑落。与杆带式输送链啮合的升运链轮分度圆直径为 145mm，节距为 45mm，齿数为 10。通过试验，选定 BMS-160 液压马达，排量 160mL/r，输出轴转速约 219r/min，杆带式输送链的线速度为 0.973m/s；升运装置的杆式输送链形成的甜菜块根的喂入角 α 略大于甜菜块根的楔形角，确定 α 为 40°。

2.2.5 收集装置

甜菜块根在被挖掘、清选、输送后进入收集箱，并在箱满后卸载。现有的块根收集箱多数为金属栅网状筐，按照卸载方式可分为活动式和固定式。其工作原理如图 2-15 和图 2-16 所示。目前，活动式收集箱的箱壁是可开启的，可以根据需要利用滑槽打开不同的卸载角度，实现块根的随地集条堆放。但是受到块根重量大的影响，活动式收集箱大多应用在叶子等轻质物料的收集上。固定式收集箱常依据容量的大小，采用不同的卸料方式。一般，载量小于 1500kg 的收集箱为活动式，主要借助倾翻推杆使其绕支撑轴转动倾斜的方式卸料，卸载离地高度达 1.2~2.5m。载量大于 1500kg 的固定式块根箱装大多采用活动的刮送器或类似的传送拨齿等来实现收集物的卸载。有时，为了加快卸载的速度也会采用附加的液压油缸来倾转收集箱。因此，为了减少收获机的动力消耗，该机选定液压卸载的固定式块根箱，实现甜菜收获过程中的随收获、随卸载。

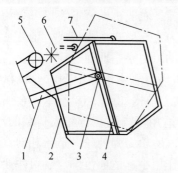

图 2-15 固定式收集箱工作原理图

1—支架；2—挡板；3—箱体翻转轴；

4—箱体；5—输送器；

6—抛送器；7—开启连杆

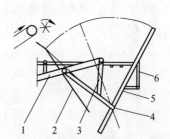

图 2-16 活动式收集箱工作原理图

1—支架；2—固定板；3—吊架；

4—滑槽旋转轴；5—滑槽；

6—滑槽位置调节器

收集箱的形状和容量主要取决于机械收获甜菜的行数、输送收集块根的方法、机械作业的地块长度和配套动力的情况。结合实际工作需要，确定该机收集装置的结构如图 2-17 所示。工作时，利用收集装置的卸料油缸的伸长，使得收集箱绕其与收集箱托架的铰接点转动，实现收集箱的倾倒，完成甜菜块根的装卸工作。收集箱的卸料油缸缸径为 63mm，油缸杆直径为 45mm，闭合长度为 1020mm，行程为 730mm，工作压力为 16MPa。收集箱的最大卸料倾角为 45°，卸料高度约为 1735mm，可满足向拖拉机等装卸机具卸料的要求。

2.2.6 行走装置

行走装置主要承载机具的重量，完成农业机械的田间作业和工作场地的转

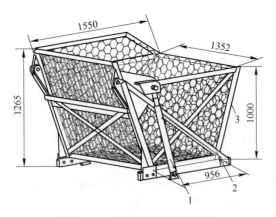

图 2-17　收集装置结构示意图

1—卸料油缸；2—收集箱托架；3—收集箱

移。其需要较好的灵活性和较强的通过性，并能够实现行走过程中的无下陷、无拥泥，且满足机具不同工况下的稳定要求。目前，农业机械行走装置可分为滑动和滚动两种，且履带式和轮式的滚动行走方式为主要形式。履带式行走装置是一种传统的行走方式，具有附着力大、转向和滚动阻力小、地面适应性好、通过性强、行走平稳的特点，但造价高，主要在工作环境恶劣的大中型农业机械中应用。轮式行走装置可分为气胎轮式和金属轮式。结构如图 2-18 所示。金属轮为刚性轮，结构简单、成本低、缓冲能力弱，不适用于高速运行和大负载的环境，主要用于中小型农机具，但可用于水田作业。气胎轮为弹性轮，造价相对高，缓冲能力强、振动小、滚动阻力小、对地面压实作用小、适应范围广、可用于高速形式。因此，选用较为实用的行走气胎轮。

行走轮承载着机具的主要重量，在滚动的过程中会使土壤产生变形，并破坏土壤的结构，减小土壤的孔隙度。当行走轮安装位置过分靠近工作部件时，工作部件与轮缘之间会产生土壤的壅堵，影响机具行驶的平稳。行走轮的配置方案和安装位置影响行走装置的稳定性和性能。一般，在工作部件的挖掘深度小于150mm，机具幅宽小于2000mm 的情况下，行走轮通常安装在机架的两端，且与工作部件之间的安装距离以它们在土壤中形成的变形区不重叠为条件。轮缘与工作部件距离关系如图 2-19 所示。

假设行走轮滚过土壤产生的土壤的变形区分布在轮缘极点的斜线内，且倾角为45°，则土壤变形区的宽度满足以下关系：

$$c = 2a + b$$

式中　a——工作深度，mm；

　　　b——行走轮轮宽，mm；

　　　c——土壤变形宽度，mm。

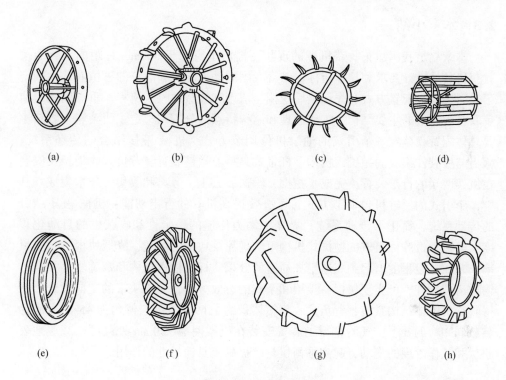

图 2-18　各类行走轮

（a）刚性行走轮；（b）带轮抓的刚性轮；（c）水田叶轮；（d）加宽水田叶轮；
（e）行走轮胎；（f）驱动轮胎；（g）超低压轮胎；（h）高花纹轮胎

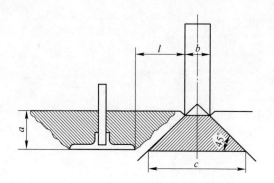

图 2-19　轮缘与工作部件距离关系

a—工作深度；b—轮宽；c—土壤变形宽度

考虑田间地表起伏和工作深度的变动，轮子距工作部件的距离应满足 $l \geqslant$ 1.5a。甜菜收获机的行走轮主要起到平衡机具、提高机具通过性的作用。结合甜菜联合收获机的工作实际，确定 l 为 250mm。

2.3   本章小结

本章立足我国甜菜收获机械的现状，提出了应用于 600mm 行距的双行甜菜收获机具的设计要求和技术指标；结合我国的动力配置和甜菜的种植农艺，确定了牵引式动力配置方式和先切顶后挖掘、清理和装载的收获流程。重点阐述了甜菜联合收获机的主要结构、工作原理和结构特点，分析和选定了甜菜联合收获主要总体配置，确定了牵引式的油缸机位调节方式、机械-液压结合的传动系统、幅板与橡胶件组成的抛掷式机构、杆带式夹持输送链装置、背负式收集箱及安装在机架两端的行走装置，完成了挖掘、输送、去土、分离和收集等技术集成。其中，牵引式的油缸机位调节方式，可有效提高机具的行走功能；机械-液压结合的传动系统，简化了传动系统，提高了动力传递的稳定性和收获机的自动化程度；幅板和橡胶件组成的抛掷式机构可实现甜菜块根的抛送，降低块根的含土量率，并在一定程度上起到疏通挖掘通道的效果；杆式输送结构和螺旋辊筒结合的输送清理部件，可实现块根、土壤和杂质的有效分离，完成块根的定向输送，使得收获机整体结构紧凑；背负式收集箱体积约 1.69m^3，卸料倾角为 45°，可满足装载和卸料的要求；气胎轮行走装置安装在机架两端 250mm 处，可以减缓地表起伏和工作深度的变动，起到平衡机具、提高机具通过性的作用。

3 甜菜移栽种植农艺与相关特性

农业生产是结合植物的生长特点，以农机具为生产手段和技术载体，获得大量农产品的过程，蕴含着农艺技术和农机具应用的相互融合。随着生产水平的不断提高和城镇化进程的发展，农业生产对农业机械的依赖越来越强，并对农业机械化的技术要求愈加苛刻，使得农机与农艺的融合势在必行。根据现有的农艺要求，构思农机的结构并进行优化改进，才能达到提高农业生产水平和劳动效率、降低生产成本的目的。

甜菜的种植农艺和特性是甜菜生产机械装备研发和设计的基础和依据，是保障机具质量和性能的重要条件。目前，甜菜品种较多，主要有从德国 KWS 公司引进的 KWS3148、KWS7156，瑞士先正达公司的 HI0141、HI0099，中国华瑞公司的 HYB-74，荷兰的巴士森 BASTION 等。甜菜块根形状各异，两侧各生有一条根沟，并生长着大量须根，可分为楔形、圆锥形、纺锤形和锤形。甜菜的生长状况、几何尺寸和生理特征，影响着机具、土壤和块根的相互作用过程与效果，与甜菜收获装备有着紧密的联系，决定着收获装备的结构和关键参数，是甜菜收获机械设计的重要依据。因此，以移栽糖用甜菜为研究对象，明确收获期甜菜块根的田间分布状况，建立甜菜块根的几何模型，研究甜菜块根的力学特性，掌握甜菜起拔力的影响因素，可为甜菜块根的导向对行的方案选定、挖掘关键参数确定以及块根的输送装载等提供数据支撑，从而更加有效减少收获过程中的损失，提高甜菜收获的生产率。

3.1 甜菜类型及特点

甜菜为双子叶植物，原产于欧洲西部和南部沿海。18 世纪德国培育为糖用甜菜，并在欧洲广泛栽培。1906 年，甜菜在我国试种，并经历了 6 个时期的发展：1949~1959 年的快速发展期，1960~1979 年的低速徘徊发展期，1980~1987 年生产快速稳步发展期，1988~1998 年生产高峰期，1999~2002 年的生产急剧下降期，2003~2010 年的生产低谷期，2011~2020 年的生产恢复期。经过 100 余年的发展，我国培育出多个甜菜品种，如范育一号、双丰 303、甜研 301、吉甜 301、工农一号等。与国外品种相比，国内糖用甜菜品种的抗逆性强、含糖率较高，但块根差异性大、产量较低，叶型、株型的整齐度低。目前，我国甜菜生产中应用的高糖品种 95% 以上为国外引进，如德国的 KWS、荷兰安地、瑞士先正达、丹麦麦瑞波、美国 BETA 等。

　　根据甜菜块根的产量和含糖率，甜菜分为丰产型、高糖型和标准型。丰产型甜菜块根呈纺锤形，产量高、生长期长、含糖量低，但单位面积产糖量高，且副产品饲料价值较大；高糖型甜菜块根呈圆锥形，生长期短、成熟早、含糖率高、体积小；标准型甜菜块根的产量和含糖率适中，是种植广泛的品种。甜菜类型如图 3-1 所示。根据甜菜结构差异，甜菜块根可分为根头、根须和根体三部分。根头部叶芽从生，含糖量低并含有有害氮成分不利于制糖，通常称为青头。收获时，根头通常被削除，以便于存储和制糖生产；根颈位于根头和根体之间，起于根头下部的叶痕处，止于根沟的顶端，且含糖量与根体相似；根体为甜菜块根的主体，起于根沟的顶端，止于块根直径 10mm 以上部分，含糖量最高；根体下部直径小于 10mm 的部位为尾根，含糖量低、易折断，可在收获时去除。

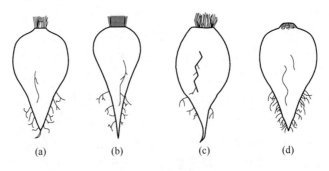

图 3-1　甜菜类型及结构
（a）丰产型；（b）高糖型；（c）标准型；（d）甜菜结构

3.2　甜菜种植农艺及块根特征

3.2.1　试验方法

　　在河北省张北县小二台的垄作双行机械移栽甜菜种植试验田，参照《农业机械试验条件测定方法的一般规定》（GB/T 5262—2008），采用游标卡尺和直尺等工具对纸筒移栽种植甜菜进行田间生长状况的测定。

　　（1）在 KWS3148、HI0099、HYB-74 甜菜品种的试验地，随机选择多点测量。通过测定甜菜种植行距、株距、垄底宽、衔接行距（相邻两个移栽行程之间行距）、垄高、甜菜自然生长状态等参数，确定甜菜的田间种植模式。甜菜种植模式及测定参数如图 3-2 所示。

　　（2）以 KWS3148 甜菜为例，在试验区内采用 5 点法，选用 3m 长的双行甜菜行为测定区，利用绳线交叉的方法寻找双行甜菜的中心拟合线，并分别测定每个甜菜块根中心到中心线的距离，以此测定甜菜块根在种植行中的分布状况，确定甜菜块根在种植行中的分布情况和变化幅度，为导向装置的设计提供数据依据。测定方式如图 3-3 所示。

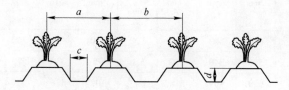

图 3-2　甜菜种植模式及测定参数

a—行距；b—衔接行距；c—垄底宽；d—垄高

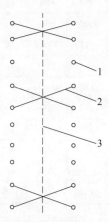

图 3-3　甜菜种植行直线度分布测定方式

1—甜菜植株；2—线绳；3—拟合中心线

3.2.2　试验结果及分析

3.2.2.1　种植模式测定

经测量，收获期 KWS3148、HI0099 和 HYB-74 甜菜无倒伏，没有自然破碎。甜菜的田间生长状况见表 3-1。由表 3-1 可知，甜菜行距、垄底宽和垄高相对稳定，分别为 600mm、320mm、100mm；甜菜衔接行距和生长高度有波动，株距、块根重量和长度的波动较大。其中，甜菜衔接行距和株距波动的产生主要与甜菜移栽过程中的人工送苗和农机手的技术和习惯有关。农田垄高和垄底宽基本由中耕培土、除草流程和自然环境决定。通过对 KWS3148、HI0099 和 HYB-74 甜菜根、叶物理参数的测定，发现甜菜植株及块根的参数受品种和生长条件的影响较大，存在一定差异。

表 3-1　田间生长状况

品种	统计指标	行距/mm	株距/mm	垄底宽/mm	衔接行距/mm	垄高/mm	甜菜自然高度/mm	甜菜实际高度/mm	块根重量/g	块根长度/mm
KWS3148	最大值	610	500	350	700	110	450	760	2000	260
	最小值	570	340	290	550	95	330	570	650	150
	平均值	600	409	318	643	102	378	657	1210	185
	标准偏差	13.1	54.7	18.1	51	4.8	33.4	57.1	295	23.1
	变异系数	0.02	0.13	0.05	0.08	0.04	0.08	0.08	0.24	0.12
HI0099	最大值	610	460	350	680	105	380	650	1850	245
	最小值	580	350	300	650	95	390	720	600	160
	平均值	595	385	321	700	98	330	700	1050	190
	标准偏差	16.4	50.6	23.0	18.7	5.2	35.0	50.2	265	20.2
	变异系数	0.03	0.13	0.07	0.03	0.05	0.11	0.071	0.25	0.11
HYB-74	最大值	610	440	330	700	100	350	850	1900	230
	最小值	580	350	310	680	98	350	500	650	170
	平均值	600	416	323	665	101	366	672	950	180
	标准偏差	11.4	65.0	13.2	27.0	4.4	20.7	81.3	250	19.6
	变异系数	0.02	0.15	0.04	0.04	0.04	0.06	0.12	0.26	0.11

3.2.2.2　生长分布状况测定

甜菜块根在种植行中的位置分布主要取决于甜菜播种或移栽的质量。受甜菜块根生长大小和土壤条件等因素的影响，甜菜块根并非整齐地在一条直线上，而是分布在一条种植带中。甜菜块根中心偏离甜菜邻近种植双行拟合中心线的距离频率分布直方图及正态曲线如图 3-4 所示。从直方图 3-4 可以看出，甜菜块根分布集中在一个与拟合中心线距离为 275～320mm 之间的宽带内。设定甜菜种植行距为 600mm，则同行的甜菜块根分布在自身种植行中

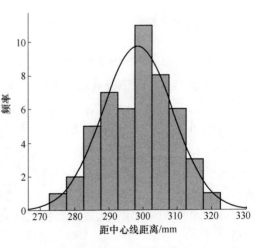

图 3-4　块根偏离拟合中心线距离分布直方图

心线的周围。其中，76%的块根中心分布在 20mm 的带状范围内，98%的块根中心分布在 40mm 的带状范围内。

3.3 甜菜块根的几何模型及生长物理特性

甜菜收获采用的收获方式和技术措施取决于甜菜块根的几何尺寸及其在土壤中的相对位置。了解甜菜块根的物理特征及其在土壤中的生长分布状况，对甜菜生产装备的设计方案和主要结构的确定具有重要的意义。

3.3.1 试验方法

在河北省张北县小二台试验田，以垄作的 KWS3148 双行机械纸筒移栽甜菜为例，进行甜菜块根特征参数的测定。参照《糖料甜菜》（GB/T 10496—2002）和《农业机械试验条件测定方法的一般规定》（GB/T 5262—2008），采用游标卡尺和直尺等测量工具，测定甜菜块根关键物理参数，利用 SPSS 软件分析预测甜菜的生理参数的变化区间和规律，并建立甜菜的几何模型，为后期收获机具的研发提供依据。测定参数如图 3-5 所示。

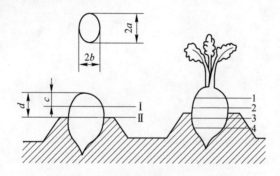

图 3-5　甜菜种植模式及测定参数

Ⅰ—甜菜最大横截面位置；Ⅱ—甜菜地表横截面位置；

a—甜菜横截面椭圆短半轴；b—甜菜横截面椭圆长半轴；c，d—甜菜横截面与切顶距离；

1~4—甜菜 5 等分截面位置

3.3.2 试验结果及分析

3.3.2.1 甜菜块根物理几何特征测定

收获期，甜菜外形近似为圆锥体，横截面近似为椭圆。任取 8 个甜菜样本，分别垂直于长度方向五等分切割，测得样本横截面椭圆的长、短轴尺寸，并求得不同位置椭圆截面的离心率，见表 3-2。由表 3-2 可知，同一个甜菜的不同截面椭圆的离心率稳定，与甜菜内部的维管束结构特点相一致。甜菜横截面椭圆的离心率为 0.66±0.088。因此，可建立甜菜的近似物理几何参数模型，如图 3-6 所示。甜菜物理几何参数模型的体积和表面积分别见式（3-1）~式（3-4）。

表 3-2　不同截面的离心率

截面	离 心 率							
	1	2	3	4	5	6	7	8
1	0.61	0.63	0.63	0.69	0.68	0.63	0.69	0.60
2	0.60	0.69	0.69	0.69	0.66	0.64	0.69	0.60
3	0.61	0.74	0.68	0.66	0.69	0.64	0.66	0.61
4	0.66	0.75	0.66	0.69	0.69	0.57	0.75	0.64
平均值	0.62	0.70	0.66	0.68	0.68	0.62	0.69	0.61
标准差	0.03	0.06	0.02	0.01	0.01	0.03	0.04	0.02
变异系数	0.04	0.08	0.03	0.02	0.02	0.05	0.05	0.03

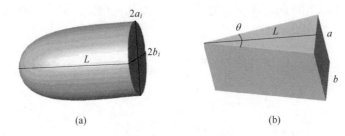

(a)　　　　　　　　　　　　(b)

图 3-6　几何模型

（a）圆锥体；（b）楔形体

a_i—第 i 横截面椭圆的长半轴长；b_i—第 i 横截面椭圆的短半轴长；a—楔形底面长；

b—楔形底面宽；L—甜菜长度；θ—楔形甜菜块根的楔角

$$V = \int_0^L \pi a_i b_i \mathrm{d}l \tag{3-1}$$

式中　V——甜菜体积，m^3；

　　　a_i——第 i 个横截面椭圆的长半轴长，m；

　　　b_i——第 i 个横截面椭圆的短半轴长，m；

　　　L——甜菜总长度，m。

$$S = \int_0^L (2\pi b_i + 4(a_i - b_i))\mathrm{d}l \tag{3-2}$$

式中　S——甜菜表面积，m^2；

　　　a_i——第 i 个横截面椭圆的长半轴长，m；

　　　b_i——第 i 个横截面椭圆的短半轴长，m；

　　　L——甜菜总长度，m。

为了计算方便，可将甜菜块根近似为楔形体，底面为矩形。矩形长和宽尺寸分别为甜菜最大横截面椭圆的长轴和短轴尺寸，则甜菜体积和表面积可近似为：

$$V = abL \qquad (3-3)$$

$$S = bL + a\sqrt{b^2 + 4L^2} \qquad (3-4)$$

式中　V——甜菜体积，m^3；

　　　　S——甜菜表面积，m^2。

3.3.2.2　甜菜块根的物理特征

对收获期 KWS3148 甜菜的重要特征参数进行测定。甜菜的缨叶无倒伏、无破损，块根无破碎，种植密度约为 6 株/m^2，缨叶产量约为 31020kg/hm^2，块根产量约为 71880kg/hm^2。甜菜生长情况见表 3-3。由表 3-3 可得，样本中甜菜块根在土壤表层处截面椭圆长轴、短轴范围分别为 [90，140]mm 和 [65，118]mm，块根地上高度范围为 [38，90]mm；块根最大截面处椭圆长轴、短轴范围分别为 [90，150]mm 和 [65，120]mm，最大截面处与切顶的距离范围为 [35，100]mm；块根长度范围为 [160，225]mm，块根质量范围为 [750，1900]g。通过统计，块根在土壤表层处的横截面椭圆尺寸与块根最大处的差异不大。甜菜的土壤表层分界处可近似为甜菜的最大横截面位置。

表 3-3　甜菜块根的生长特征

统计指标	截面 I 椭圆			截面 II 椭圆			块根长度/mm	块根质量/g
	长轴/mm	短轴/mm	块根地上高度/mm	长轴/mm	短轴/mm	至切顶距离/mm		
最大值	140	118	90	150	120	100	255	1900
最小值	90	65	38	90	65	35	160	750
平均值	115	95	60	120	97	61	200	1198
标准差	12.1	11.72	12.2	14	10.7	14.1	22.65	265
变异系数	0.09	0.12	0.2	0.11	0.11	0.23	0.11	0.22

由 SPSS 统计分析软件可得块根入土深度、地上高度、块根最大截面椭圆的参数、块根长度和块根质量等评价指标的频率分布直方图及正态曲线，如图 3-7~图 3-12 所示。由图 3-7 可知，92% 的甜菜块根的入土深度在 [120，170]mm 之间，98% 的甜菜块根的入土深度小于 170mm；由图 3-8 可知，样本中 94% 的块根地上高度在 [40，70]mm 之间，98% 的块根地上高度大于 40mm，具有明显的地面特征；由图 3-9 和图 3-10 可知，样本中 92% 的甜菜块根最大横截面长轴在 [90，140]mm 之间，96% 的甜菜块根最大横截面短轴在 [40，90]mm 之间；由图 3-11 和图 3-12 可知，样本中甜菜块根长度均大于 160mm，92% 的甜菜块根质量在

[800，1600]g之间。通过对甜菜块根最大截面参数的统计分析，可得截面椭圆的短轴与长轴之比为 [0.66，0.92]，平均为0.79，标准差为0.034，变异系数为0.044；样本中96%的比值在 [0.73，0.85]。甜菜的最大楔角 θ 为 [27.5°，41.5°]，平均为33.3°，标准差为3.95，变异系数为0.11。由此可见，甜菜地上高度大于40mm，具有明显的地面特征；因甜菜的入土深度小于170mm，挖掘深度满足120mm即可将块根顺利挖出（一般挖掘深度达到入土深度的2/3）；块根的最大截面椭圆的长短轴具有一定的相关性，对挖掘部件和输送部件的结构尺寸提出了要求；块根的楔角可近似为33.3°。统计结果可为确定甜菜块根的切顶高度和块根挖掘和输送装置的结构尺寸提供参考，对收获装置的设计具有指导意义。

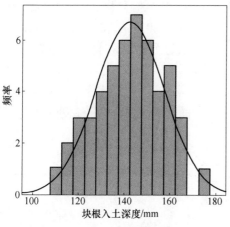

图 3-7　块根入土深度频率分布

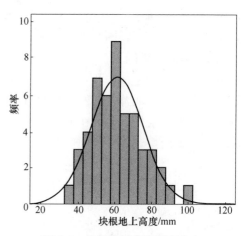

图 3-8　块根裸露高度频率分布

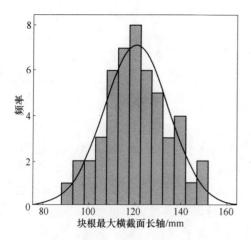

图 3-9　块根最大横截面长轴频率分布

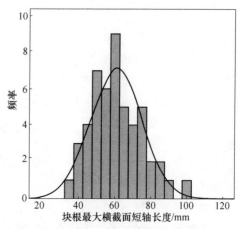

图 3-10　块根最大横截面短轴频率分布

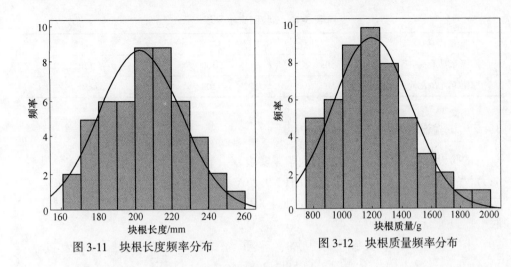

图 3-11　块根长度频率分布　　　　图 3-12　块根质量频率分布

3.4　甜菜块根的起拔力及参数相关性测试

在收获期，甜菜叶与块根的结合处较脆，抗拉强度有限，采用直接拔取甜菜的收获方式难度较大。了解甜菜块根在土壤中固着力的大小及其与相关参数的关系，对甜菜生产装备的设计方案和主要结构的确定具有重要的意义。

3.4.1　试验方法

（1）在河北省张北县小二台甜菜试验田，参照《土壤水分测定法》（NY/T 52—1987），利用 TJSD-750 II 型土壤紧实度仪，测定田间土壤含水率和坚实度。参考甜菜挖掘结构及原理，将距甜菜边缘 50mm 以外的两侧土壤平行切除，切除深度为 150mm。利用拔根测力仪测定甜菜在土壤中固着力，初步分析在土壤自然状态和两边土壤切割处理后起拔甜菜所需的力，并利用游标卡尺等测定尾根直径和长度，计数甜菜尾部根的数量。借助 SPSS 软件分析甜菜质量、横截面几何尺寸、甜菜长度、尾根状况、土壤状况与甜菜的起拔力的相关性，为甜菜收获机具的设计提供理论基础。

（2）为了顺利收获，确定适宜的挖掘位置。以挖掘距离和深度为因素，选取直径为（125±10）mm，重量为（1750±50）g 的块根为试验对象，借助正交试验，测定和分析挖掘铲疏松土壤的位置和深度对甜菜块根起拔力的影响，并确定挖掘位置参数的优化组合。每个试验水平重复 3 次，并记录起拔力的平均值。挖掘位置及正交试验的试验水平如图 3-13 和表 3-4 所示。

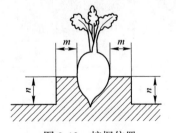

图 3-13　挖掘位置

m—挖掘距离，mm；*n*—挖掘深度，mm

表 3-4　试验因素水平表

试验因素	水平		
挖掘深度 A/mm	50	100	150
挖掘距离 B/mm	50	100	150

3.4.2　试验设备及条件

试验设备包括 TJSD-750 II 型土壤紧实度仪（杭州托普仪器有限公司）、根系测力仪（中国农业大学工学院）、DHG-9123A 型电热恒温鼓风干燥箱（上海精宏实验设备有限公司）、YB 电子天平（上海海康电子仪器厂）、游标卡尺、卷尺、取土环刀等。

小二台土壤含水率为 9.90%，容重为 2.37g/cm³，土壤平均硬度为 2034MPa。试验土壤状况如图 3-14 和图 3-15 所示。

图 3-14　土壤自然状态

图 3-15　土壤处理后

3.4.3　试验结果及分析

3.4.3.1　起拔力影响因素

在土壤自然状态和两边土壤切割处理情况下，随机选取 10 个大小相近的甜菜样本进行起拔试验，并测定甜菜起拔所需的力。试验统计结果见表 3-5。初步设定甜菜的起拔力与块根质量、最大截面尺寸、块根长度、尾根状况有关。选取

表 3-5　甜菜起拔力

统计指标	起拔力峰值/N				
	最大值	最小值	平均值	标准偏差	变异系数
土壤自然状态	490	242	365	98	0.26
土壤处理后	390	114	259	88	0.33

甜菜块根 30 个，依据试验要求处理土壤，测得甜菜的起拔力，并借助 SPSS 统计分析软件进行多因素的相关性分析，分析结果见表 3-6。

表 3-6 因素相关性分析

因素			块根质量	最大截面椭圆		块根长度	尾根数			拉力峰值
				长轴	短轴		直径<5mm	5mm<直径<10mm	直径>10mm	
块根质量		x_1	1	0.751①	0.891①	0.852①	0.150	0.045	0.327	0.422③
最大截面椭圆	长轴	x_2	0.751①	1	0.908①	0.720①	0.064	0.027	0.328	0.210
	短轴	x_3	0.891①	0.908①	1	0.799①	0.122	0.002	0.317	0.397③
块根长度		x_4	0.852①	0.720①	0.799①	1	0.065	0.019	0.536②	0.270
尾根数	直径<5mm	x_5	0.150	0.064	0.122	0.065	1	0.301	-0.524②	-0.108
	5mm<直径<10mm	x_6	0.045	0.027	0.002	0.019	0.301	1	-0.517②	0.215
	直径>10mm	x_7	0.327	0.328	0.317	0.536②	-0.524②	-0.517②	1	0.068
拉力峰值/kN		y	0.422③	0.210	0.397③	0.270	-0.108	0.215	0.068	1

（注：P 值）

①在 0.01 水平（双侧）上显著相关。
②在 0.05 水平（双侧）上显著相关。
③在 0.1 水平（双侧）上显著相关。

由表 3-5 和表 3-6 可知，在对土壤进行处理后的工作条件下，甜菜的起拔力明显减少，减小幅度约 30%。块根质量、最大截面椭圆长轴、最大截面椭圆短轴、块根长度因素在 0.01 水平（双侧）上线性显著正相关；块根质量随着块根几何尺寸的增加而增大，截面椭圆的短轴尺寸对块根质量的影响大于长轴和块根长度的影响效果，且截面椭圆的长、短轴的线性相关性较大；甜菜拔起力与块根质量和截面椭圆的短轴同在 0.1 水平（双侧）上线性显著正相关；块根长度与直径大于 10cm 较大的尾根数量在 0.05 水平（双侧）上线性相关；直径大于 10cm 较大的尾根数量与其他尾根数量因素在 0.05 水平（双侧）上线性负相关。块根质量与甜菜块根的几何尺寸相关性较大，最大截面椭圆的短轴尺寸和块根长度决定块根质量。甜菜在起拔时，所需的最大拉力与甜菜根系没有太大的关系，而与甜菜最大横截面的尺寸、土壤的状况相关。设甜菜拔起力为 y，影响因素块根质量为 x_1、最大截面椭圆长轴为 x_2、最大截面椭圆短轴为 x_3、块根长度为 x_4、直径<5mm 的尾根数为 x_5、直径在 5~10mm 尾根数为 x_6、直径>10mm 尾根数为 x_7。剔除相关系数不显著的因素，可得到在显著性水平为 0.1 条件下的回归方程。回归方程及分析见表 3-7。因此，在挖掘部件的方案选择和结构设计时，可忽略甜菜根系结构对其起拔力的影响。

表 3-7 回归方程及分析

项目	方差分析				系数				
	总方差	自由度	均方差	F	Sig.	非标准化系数	标准差	t	Sig.
回归	2778993. 139	2	1389496. 569	47. 378	0. 000	-1222. 068	281. 350	-4. 344	0. 000
剩余	498570. 611	17	29327. 683			14. 242	3. 870	3. 680	0. 002
总计	3277563. 750	19				5. 831	2. 357	2. 473	0. 024
模型	$x_1 = -1222.068 + 14.242x_3 + 5.831x_4$								
回归	75602. 677	2	37801. 338	3. 411	0. 05	279. 391	206. 109	1. 356	0. 003
剩余	188414. 123	17	11083. 184			-6. 830	3. 900	-1. 751	0. 098
总计	264016. 8	19				8. 186	3. 407	2. 403	0. 028
模型	$y = 279.391 - 6.83x_2 + 8.186x_3$								

3.4.3.2 挖掘位置分析

为进一步分析挖掘甜菜位置对块根起拔力的影响，选择正交试验表 $L_9(3^4)$ 进行正交试验，测定甜菜块根的起拔拉力，试验方案及结果见表 3-8。试验方差分析见表 3-9。依据试验方案和试验结果，分别对各指标进行直观分析，得到试验指标的较优水平为 A_3B_1，主次因素顺序为 $A > B$。由方差分析结果可知，在显著性水平为 0. 01 条件下，因素 A 对试验指标的影响极显著；在显著性水平为 0. 05 条件下，因素 B 对试验指标的影响较显著。由此可见，在挖掘甜菜块根的过程中，应在保证块根不受损伤的水平距离条件下，尽量增加挖掘的深度，以此减少块根的起拔力，提高块根的挖掘质量。

表 3-8 正交试验表及结果

试验号	A	B	拉力峰值/kN
1	1	1	0. 294
2	1	2	0. 391
3	1	3	0. 422
4	2	1	0. 235
5	2	2	0. 285
6	2	3	0. 379
7	3	1	0. 211
8	3	2	0. 233
9	3	3	0. 281

表 3-9　试验数据方差分析

方差来源	离差平方和	自由度	平均离差平方和	F 值	显著性
A	0.0244	2	0.0122	18.21	* * *
B	0.0195	2	0.0098	14.63	* *
误差 e	0.00268	4	0.00067		
总和	0.04658	8			

注：$F_{0.01}(2, 4) = 18$，$F_{0.05}(2, 4) = 6.94$。

3.5　甜菜块根的机械力学特性

　　甜菜为活的有机体，分为根头、根颈、根体和根尾，一般近似为非线性黏弹体。根头中含有妨碍蔗糖结晶的可溶性灰分（钾、钠、钙、镁等）和有害氮，根尾几乎没有制糖价值；根体中的维管束环数多、密度大，有利于糖分的积累，决定着块根的生长特征，影响甜菜块根的力学特性。其结构及维管束结构如图 3-16 所示。

　　甜菜的力学特性决定了甜菜收获后的质量，往往受含水率、变形速率的影响。在收获过程中，甜菜除了受到机械的剪切损伤外，还受到收获机械的反复挤压、撞击和摩擦等作用，产生不同形式的损伤；同时，在外载荷的作用下，甜菜产生弹性和塑性变形，不易于储存，在一定程度上影响了甜菜的整体品质和出糖质量。碰撞损伤 45 天后，甜菜组织发生褐变，如图 3-17 所示。目前，国外专家大多从细胞学的角度对甜菜的力学特性进行研究，我国主要集中于甜菜栽培、培育等方面的研究，只有刘百顺、王春光等对甜菜的流变和蠕变特性进行了初步分析。因此，研究收获期甜菜块根的机械力学特性，分析甜菜受力位置、方向、加载速率、含水率对其力学特性的影响，并确定块根的弹性模量和抗压力，可为探索合理的收获、输送方案提供理论基础，对优化收获机械的结构具有重要的意义。

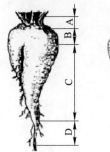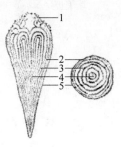
图 3-16　甜菜块根结构及维管束
A—根头；B—根颈；C—根体；D—根尾；
1—叶痕；2—维管束环；3—环间薄壁组织；
4—星状体；5—表皮层

图 3-17　块根受伤 45d 后褐变

3.5.1　试验方法

对甜菜块根不同部位选取试样，利用英国 Instron-4411 型万能材料试验机进行试样纵向压缩试验。参照同类物料的试验经验，加载速率分别取 10mm/s、20mm/s 和 30mm/s。采用游标卡尺和直尺等测量工具，测定甜菜尺寸及根系情况。

（1）选择甜菜的弹性模量及最大抗压强度为评价指标，对甜菜块根不同方向的试样进行压缩试验，测定甜菜块根不同部位的力学特性差异，并分析甜菜块根中维管束对其物理特性的影响。

（2）通过对甜菜芯部的试样进行不同加载速率下的压缩试验，分别测得甜菜的弹性模量和变形度，并利用正交试验判断加载速率和试样取样位置对甜菜物理特性的影响状况。

（3）参照《农业机械试验条件测定方法的一般规定》（GB/T 5262—2008），利用烘干箱测得试样的含水率，分析含水率对甜菜物理特性的影响，并借助甜菜的整体压缩试验，进一步验证试样的结论。

3.5.2　材料制作

2011 年 10 月 20 日，对河北省张北县小二台移栽的"KWS3148"型甜菜采样，选取收获期无损伤、无病虫害，物理特征相近，大小均匀的甜菜（直径为 110±10mm，长度为 180±10mm），去顶叶，密封保存。根据试验要求，分别制作直径 25mm、长度 30mm 的圆柱体试样，并编码标号保存。

（1）甜菜均匀性试验取样。在甜菜样本维管束结构的对称位置分别沿横向和纵向取样。在甜菜头部、中部和尾部横向取样（垂直于维管束方向），标记为 A1、A2、A3，在头部和尾部纵向取样（顺维管束方向），标记为 B1、B2。甜菜取样位置如图 3-18（a）所示。

（2）弹性模量及变形度试验取样。为了消除试样的取样位置和取样质量对试验结果产生的误差影响，分别对甜菜芯的头部、中部和尾部进行横向取样（垂直于维管束方向），并分别标记为试样 C1、C2、C3。甜菜取样位置如图 3-18（b）所示。

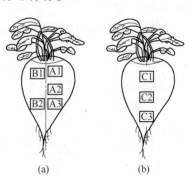

图 3-18　甜菜压缩试验取样位置

（a）均匀性试验取样位置；

（b）弹性模量及变形度试验取样位置

（3）含水率分析试验取样。对收获后 1d、15d、30d、45d 的甜菜的芯部分别进行横向取样（垂直于维管束方向），并标记为 D1、D2、D3、D4。

3.5.3 试验结果及分析

3.5.3.1 甜菜的均匀性试验

弹性模量是衡量物体抵抗弹性变形能力大小的尺度，其值越大，物体发生弹性变形的应力越大。最大抗压强度代表了物体在外力作用下所能承受的最大应力。设弹性模量为 E，最大抗压强度为 σ_{max}，则有以下关系：

$$E = \frac{\sigma}{\varepsilon} = \frac{4FL}{\pi D^2 \Delta L}$$

式中　F——载荷，N；

　　　D——试样直径，m；

　　　L——试样长度，m；

　　　ΔL——试样变形量，m。

$$\sigma_{max} = \frac{F_{max}}{A}$$

式中　F_{max}——最大载荷，N；

　　　A——试样压缩前截面积，m^2。

选择甜菜的弹性模量及最大抗压强度为评价指标，在试样加载速率分别为 10mm/s、20mm/s、30mm/s 的条件下，分别对甜菜块根的不同方向试样进行压缩试验，得到加载力-位移曲线。利用 SPSS 软件对不同加载速率下甜菜试样的加载力-位移曲线中的近似线形部分的大量离散数据进行拟合和分析，得其弹性模量及最大抗压强度。在同一加载速率下，对甜菜同一位置试样重复试验 3 次，取平均值。试验结果及分析见表 3-10。由结果可知，甜菜没有明显的屈服极限，破裂点较为明显；弹性模量和抗压强度因取样位置的不同而各异；甜菜试样的弹性模量为 [8.91，12.44]MPa，最大抗压强度为 [2.1，2.93]MPa，且最大抗压强

表 3-10　甜菜试样弹性模量及最大抗压强度

项目	加载速率 /mm·s⁻¹	试样编号					方差分析		
		A1	A2	A3	B1	B2	均值	标准差	变异系数
E/MPa	10	9.14	10.23	10.29	8.96	12.44	10.21	1.39	0.136
	20	8.91	9.17	10.87	11.11	12.25	10.46	1.40	0.13
	30	10.31	10.95	10.75	11.05	11.26	10.86	0.36	0.03
σ_{max}/MPa	10	2.72	2.71	2.47	2.03	2.31	2.44	0.29	0.11
	20	2.28	2.5	2.10	2.69	2.58	2.43	0.23	0.097
	30	2.93	2.88	2.72	2.60	2.73	2.77	0.13	0.047

度有随着加载速率增加的趋势。在甜菜试样中，A1、A2 处的弹性模量和最大抗压强度以及 A3 的最大抗压强度随着加载速率的增加先减小后增加；A3 的弹性模量随着加载速率的增加先增大后减小；A3 的平均弹性模量最大，A3 的平均抗压强度最小。同时，试样 B1 的弹性模量小于试样 B2 的，且纵向试样的弹性模量略大于横向取样的弹性模量。由此可见，试样的力学特性受到维管束结构、加载速率的影响，并在一定程度上由试样内含有的维管束疏密及方向、细胞破裂后汁液流渗的速率决定。因甜菜尾根处维管束结构比较密集，所以尾根处的弹性模量相比其他部位的大，而抗压强度小。由方差分析结果可知，随着加载速率的提高，各个试样测得的弹性模量和最大抗压强度的数据的变异系数减小，数值趋于一致。这说明加载速率越大，试验数据越可靠，甜菜越接近于均质物料。这一规律同样与甜菜本身的组织结构相关。在加载速率较小的情况下，甜菜各个试样中的汁液挤出的速率不同，维管束对甜菜内部结构的加强作用的差异明显。随着加载速率的提高，甜菜细胞微观结构的变化加剧，试样组织细胞中的汁液渗透较快，维管束对甜菜的抗压性能的影响减弱，使得甜菜各处的弹性模量和最大抗压强度值差异减小。因此，在工作实际中要选择合适的加载速率和加载方向，以满足甜菜生产收获中的要求。受块根取样空间的限制，测得的试验数据具有一定的波动和误差，需要对甜菜的力学指标进一步研究分析。

3.5.3.2　弹性模量及弹性变形度分析

依据甜菜在机械输送、清选过程中的实际损伤情况，在消除试样取样误差的情况下，分析甜菜头部、中部和尾部的试样（垂直于维管束方向取样）的力学性能。试样在正压力载荷的作用下，随着载荷逐步增加达到破坏极限。在加载速率分别为 10mm/s、20mm/s、30mm/s 的情况下，甜菜块根不同部位试样的加载力-位移曲线如图 3-19 所示。由图 3-19 可知，受到试样切面不平度的影响，曲线起始端具有一定波动，随后稳定上升。在同一样本中，随着加载速率的增加，试样的弹性模量趋于稳定，且 C1、C2 的最大抗压强度均大于试样 C3 的最大抗压强度；在加载速率大于 20mm/s 时，试样 C3 破裂点处的位移小于试样 C1、C2。说明甜菜尾根处的抗压强度较小，易发生断裂，且随着加载速率的增大，尾根处易损伤的特性相对明显，这与甜菜在收获和运输过程中的实际情况相符。甜菜试样的最大载荷为 [1.04，1.37]kN，最大抗压强度为 [2.1，2.80]MPa，平均值为 2.42MPa，标准差为 0.09，变异系数为 0.075，且甜菜的抗压性能相对较好。

为进一步分析加载速率和甜菜试样取样位置对试样测试数据的影响，选择正交试验表 $L_9(3^4)$ 进行正交试验。正交试验因素水平见表 3-11。正交试验表及结果见表 3-12。由直观分析可得，A3B3 的弹性模量最大，A2B1 的弹性模量最小；

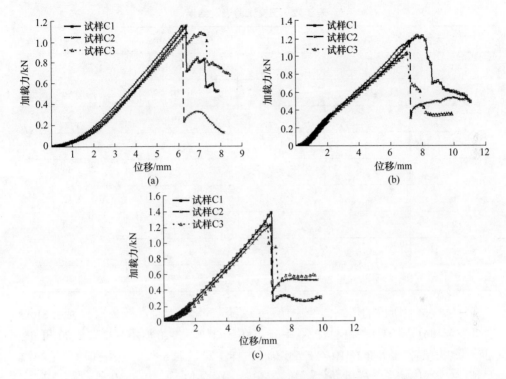

图 3-19　甜菜试样的加载力-位移曲线

（a）试样压缩速率为 10mm/s；（b）试样压缩速率为 20mm/s；（c）试样压缩速率为 30mm/s

A3B1 的抗压强度最大，A2B3 的抗压强度最小。通过方差分析可知，在显著性水平为 0.01 条件下，$F_{0.01}(2, 4)=18<22.95$，因素 A 对弹性模量影响极显著。在显著性水平为 0.05 条件下，$F_{0.05}(2, 4)=6.94<7.33$，因素 A 对最大抗压强度影响显著。同理，得知因素 B 对 2 个评价指标结果影响不显著。由此可见，加载速率对甜菜抗压的力学性能影响较大。甜菜径向的弹性模量和最大抗压强度受取样位置的影响不大。当加载速率为 20mm/s 时，甜菜尾部容易损坏。在甜菜块根的收获、输送和加工过程中，应着重注意甜菜加载速率的变化，以获得需要的结果。

表 3-11　试验因素水平表

水平	试验因素	
	加载速率 A/mm·s⁻¹	取样位置 B
1	10	头部
2	20	中部
3	30	尾部

表 3-12　正交试验表及结果

试验号	A	B	弹性模量/MPa	最大抗压强度/MPa
1	1	1	9.68	2.36
2	1	2	10.01	2.36
3	1	3	9.19	2.22
4	2	1	8.41	2.21
5	2	2	9.19	2.39
6	2	3	9.2	2.12
7	3	1	12.38	2.80
8	3	2	11.5	2.50
9	3	3	12.87	2.50

对每次试验所得的压缩曲线中的近似线形部分的大量离散数据，利用 SPSS 进行拟合和分析。其弹性模量的频率分布直方图如图 3-20 所示。由图 3-20 可知，甜菜弹性模量主要分布在 10~11.5MPa，占样本总量的 88%。甜菜弹性模量的最大值为 12.19MPa，最小值为 9.22MPa，平均值为 10.85MPa，标准差为 0.46MPa，变异系数为 0.04。

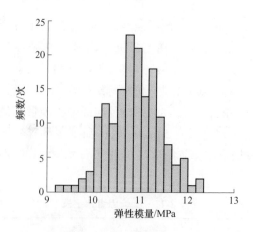

图 3-20　弹性模量频率直方图

甜菜为黏弹性体，在受力变形后会存在一定的永久变形和弹性变形。弹性变形度是描述物料恢复变形能力强弱程度的指标。设弹性度为 D，则存在以下关系。

$$D = \frac{D_e}{D_e + D_p}$$

式中 D_e ——甜菜块根的弹性变形量，m；

D_p ——甜菜块根的塑性变形量，m。

在甜菜的弹性范围内，在加载速率为 20mm/s 的情况下，设定试样的最大加载力分别为 400N、600N、800N，各选取 C2 位置的 5 个甜菜试样进行压缩试验。利用第 1 次加载和卸载后试样尺寸的变化，计算甜菜的弹性变形度。即弹性变形度为甜菜第 1 次加卸载后试样的弹性变形量与压缩量之比。试验结果见表 3-13。由表 3-13 可知，甜菜弹性变形度的平均值为 60.4%，标准差为 2.4，变异系数为 0.04。由此可见，在甜菜块根的弹性范围内，甜菜的弹性变形度稳定，测定数值基本不受施加载荷大小的影响。此时，甜菜块根整体可近似为弹性体。

表 3-13 弹性变形度

序号	最大加载力/N	弹性变形度/%	平均值/%	变异系数/%
1		61.3		
2		60.2		
3	400	59.6	60.5	1.6
4		59.7		
5		61.7		
1		60.8		
2		60.8		
3	600	65.8	62.8	3.4
4		64.0		
5		62.6		
1		57.4		
2		57.2		
3	800	58.3	57.9	1.2
4		58.9		
5		57.9		

3.5.3.3 含水率的影响分析

在加载速率为 20mm/s 的情况下，研究甜菜的含水率对甜菜的弹性模量和受力变形的影响。不同含水率的甜菜试样的加载力-位移曲线如图 3-21 所示。其弹性模量和最大载荷见表 3-14。由此可见，含水率对甜菜的力学特性影响较大。随着含水率的减少，甜菜试样的弹性模量、最大抗压强度及到达破裂点所需位移的变化规律基本一致。即随着含水率的减少，甜菜试样抵抗弹性变形能力增强，所能承受的最大载荷增大，块根的整体韧性提高。

　　为了更直观反映甜菜在运输、加工等过程中承压性能，选择整个甜菜为试验对象，探索在自然状态下甜菜含水率对其压缩性能的影响。将甜菜水平放置在试验台上，以压缩速率 20mm/s 进行压缩试验。其加载力-位移曲线如图 3-22 所示，最大载荷见表 3-15。由图 3-22 可知，在达到破裂点之前，甜菜的含水率越高，加载力-位移曲线的线性度越好；甜菜试样达到破裂点的变形量和时间分别随着含水率的减小而增大。在试验之初，甜菜反映出较好的弹性规律，在达到破裂点后（整体没有破裂的情况下）会以此为新的支点继续压缩，直至甜菜整体被压裂或载荷超出设备范围而停止。受甜菜整体压缩时接触面不平度、组织内部结构等因素的影响，甜菜整体的最大载荷与试样的检测结果有差异，但总体的变化趋势一致。因此，降低收获期甜菜的含水率，可以减少甜菜在收获及运输过程中的损失。

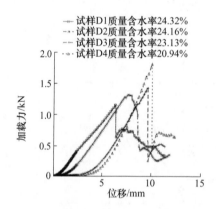

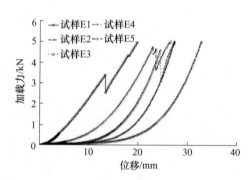

图 3-21　不同含水率试样的加载力-位移曲线　　图 3-22　甜菜整体的加载力-位移曲线

表 3-14　弹性模量及最大载荷

试样编号	含水率/%	弹性模量 E/MPa	最大载荷 σ_{max}/MPa
D1	24.32	9.24	2.14
D2	24.16	11.38	2.65
D3	23.13	13.66	3.04
D4	20.94	19.25	3.71

表 3-15 最大载荷

试样编号	质量含水率/%	最大载荷 F/kN
E1	28.30	6.89
E2	25.26	9.54
E3	24.34	9.36
E4	23.35	—
E5	21.03	—

3.6 本章小结

（1）移栽甜菜的行距、垄高和垄底宽稳定，甜菜的衔接行距、生长高度有波动，株距的差异较大。甜菜衔接行距和株距波动的产生主要与甜菜移栽过程中的人工送苗和农机手的技术、习惯有关。农田的垄高和垄底宽由中耕培土、除草流程和自然环境决定。甜菜的行距为（600±23.2）mm，株距为（300±70.6）mm，垄底宽为（320±36.2）mm，衔接行距为（643±102）mm，垄高为（100±9.6）mm，甜菜自然高度为（378±66.8）mm，甜菜实际高度为（657±114.2）mm。

（2）甜菜块根在种植行中的位置分布主要取决于甜菜播种或移栽的质量，主要分布在种植行中心拟合线附近。76%的块根中心分布在 20mm 的带状范围内，98%的块根中心分布在 40mm 的带状范围内。因此，收获机的对行调整范围控制在 40mm 即可满足设计要求。

（3）甜菜块根横截面可近似为椭圆。截面椭圆的离心率为 0.66±0.088，短轴与长轴比值为 0.79±0.064。在土壤表层处的块根横截面可近似为甜菜的最大横截面。该截面椭圆长轴、短轴长度分别为（120±28）mm 和（97±21.4）mm。块根地上高度为（60±24.4）mm，块根长度为（200±45.3）mm，块根质量为（1198±530）g。在楔形体模型中，甜菜的楔角为 15.3°±2.14°。

（4）块根质量与甜菜块根的几何尺寸相关性较大，最大截面椭圆的短轴尺寸和块根长度决定了块根质量，且截面椭圆的长、短轴的线性相关性较大。甜菜所需的最大起拔力与甜菜品种和土壤的状况相关。甜菜起拔力与块根质量和截面椭圆的短轴同在 0.1 水平（双侧）上线性显著正相关，且与甜菜根系关系不大。在土壤处理条件下（挖掘深度为 150mm，挖掘距离为 50mm），甜菜起拔力为（259±176）N，比土壤自然状态下的起拔力减少约 30%。通过正交试验，确定最小起拔力的参数最优组合（挖掘深度为 150mm，挖掘距离为 50mm），得知挖掘深度对起拔力的影响大于挖掘距离的影响，且在显著性水平为 0.01 条件下极显著。因此，在挖掘部件的方案选择和结构设计时，重点考虑挖掘工作方式和土壤的状态。在保证块根不受损伤的水平距离条件下，尽量增加挖掘的深度，以提高块根的挖掘质量。

（5）甜菜没有明显的屈服极限，破裂点较为明显，不同部位的力学特性存在差异；尾根处的弹性模量较大，但抗压强度小，容易发生损伤。甜菜的弹性模量和抗压强度受到加载速率和加载方向的影响，且横向承载能力相对轴向弱。加载速率越大，甜菜各处的力学特性趋于一致。

（6）甜菜的抗压性能较好，最大抗压载荷为（1.19±0.18）kN，弹性模量为（10.85±0.92）MPa，抗压强度为（2.42±0.18）MPa，可适当提高甜菜的堆放高度。载荷加载速率对甜菜的弹性模量和最大抗压强度影响显著；载荷压力位置对甜菜横向的弹性模量和最大抗压强度影响不显著。甜菜的弹性变形度为（60.4±4.8）%，且受加载压力的影响不大。在弹性范围内，甜菜可视为弹性体，能够反映出较好的弹性规律。

（7）甜菜含水率越高，载荷-位移曲线的线性度越好，弹性规律越明显。减小甜菜含水率，甜菜试样弹性变形能力增强，所能承受的最大载荷力提高，达到破裂点的所需的变形量和时间增大。在收获期停止甜菜灌溉，降低甜菜的含水率，可以减少甜菜在收获及运输过程中的损伤。

4　挖掘装置的设计及分析

挖掘作业是甜菜收获过程中不可缺少的工序，是挖掘装置的主要工作目的。作为甜菜收获机械中的关键部件，挖掘装置的结构和几何参数直接影响收获机的挖掘阻力和作业质量。在参考国内外现有相关机具的基础上，如何因地制宜研制出牵引阻力小、生产效率高、性能稳定的挖掘装置是目前研制甜菜收获机械的难点和关键之一。随着计算机技术的发展，我国对机械的研究已经逐渐从原来的二维设计转变为利用三维参数化设计软件的虚拟设计，改进了传统产品设计过程中的不足和困难。面对甜菜挖掘部件理论及参数设计内容的缺乏，本章根据甜菜收获要求，提出合理的设计理念，并采用三维参数设计方法完成挖掘部件的实体设计。通过对挖掘装置的工作原理和运动机理的分析，确定重要结构参数关系，运用有限元分析软件和田间试验方法，获得较好的挖掘结构，并形成一定的挖掘技术，对研发符合我国国情的甜菜收获机械和提高机具质量具有重要的参考价值和实际意义。

4.1　挖掘装置的设计要求及工作原理

4.1.1　挖掘装置的设计要求

在保证对甜菜有效挖起的基础上，挖掘部件要尽可能减少甜菜对土壤的携带，保证甜菜块根的挖净率、损伤率，并有效降低挖掘阻力。

（1）符合甜菜收获的种植农艺，可将甜菜块根顺利挖出，并满足一定的收获指标。

（2）挖掘深度稳定，尽可能减少土壤的挖掘量，以降低挖掘阻力。

（3）保证甜菜块根的挖掘顺畅，避免挖掘部件缠草和收获过程中的壅堵现象。

（4）实现一定程度的土壤松碎，便于后期的甜菜块根的输送和除土。

4.1.2　挖掘部件的种类

挖掘部件是甜菜收获机械化的关键部件，动力消耗约占总动力的 50% ～ 70%，是直接影响联合收获作业质量的重要部件。能否将甜菜挖出，并顺利输送，是判断机具性能的重要标准。挖掘部件应力求简单、实用，设计时重点考虑土壤的类型、含水率及比阻等。甜菜机械化收获质量标准要求：机械损伤率≤5%、破碎率≤2%、折断率≤10%、含杂率≤8%。当前，要求挖掘装置能够破坏甜菜和土壤的联结，将甜菜快速无损挖出，实现甜菜与土壤的快速分离，减少块根上黏附的土壤量，并避免土壤的壅堵，尽可能减少挖掘阻力。目前，在甜菜收获机上常用的块根挖掘器有铧式、叉式、圆盘式和组合式等类型。

（1）铧式挖掘器。铧式挖掘器结构简单、入土性能好、强度高，但对块根的损伤大，不能深挖，适用于轻质和中等质地土壤，主要在简单的甜菜挖掘机或拔取式联合收获机中应用。铧式挖掘器多为与机械前进方向成一定角度并对称配置的双犁铲，工作原理类似三面楔子。其结构如图4-1所示。在结构上，铧式挖掘器有开式和闭式两种。闭式的强度高，工作阻力大，对块根的损伤也多，目前应用得较少。根据作业条件的不同，铧式挖掘器相对土表的冲角既可以是正，也可以是负，但负角的铲片对块根的损伤会更大一些，所带的泥土要少。工作时，两铲的工作区间逐渐减小，带有块根的土垡通过该区间时受两侧铲面的挤压而产生向上的反作用力，并借助土壤的变形而把块根掘出。一般，铧式挖掘器的入土深度比块根的生长长度小，约为80~130mm。

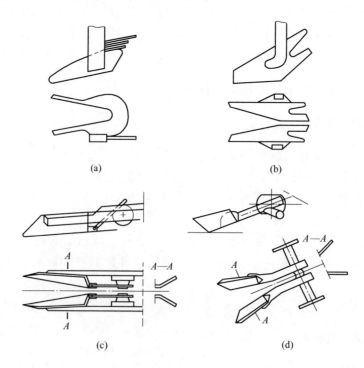

图4-1　铧式挖掘器

（a）闭式；（b）开式；（c）正冲角；（d）负冲角

（2）叉式挖掘器。叉式挖掘器的结构简单，制造成本低，一般由一对带圆锥尖或小铧尖的叉杆组成，工作原理、性能同铧式挖掘器相似，结构如图 4-2 所示。工作时，其入土效果好，所需牵引阻力较小，但对土垡的压缩程度较差，不能大量松动土壤，只能用于块根的简单挖起，不利于块根抬升和捡拾。在挖掘过程中，叉式挖掘器直接作用在块根上，不可避免会对块根产生损伤，且不对块根做初步清理，只适用于含水量小的轻

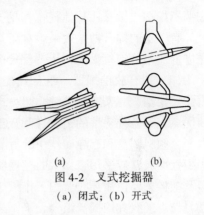

图 4-2　叉式挖掘器
（a）闭式；（b）开式

质、中等壤土。叉式挖掘器的特殊结构决定了土壤的变形量小，工作阻力小，损伤或折断块根的数量相对较多，在中等密实而干燥的土壤中工作时的带土量很大，易伤甜菜块根且易壅堵。

（3）圆盘式挖掘器。圆盘式挖掘器是由两个对称配置的挖掘圆盘（球面形或平面形）组成。为了改善圆盘式挖掘器与土壤的附着力，挖掘圆盘刃口各异，主要分为圆周刃和不连续刃。常用的光刃、缺口刃、凿形刃和指形刃圆盘结构如图 4-3 所示。光刃主要用在一般土壤条件下的挖掘器；缺口刃和凿形刃的碎土能力强，适应于干硬的土壤，但对块根的挖净率不及光刃挖掘器，且损伤也相对较多；指形刃的碎土能力强，容易实现土块与根茎的分离，但易对作物造成损伤。增加圆盘缺口数量可以增加挖掘器的破土能力，适宜干硬的土壤工作环境；减少缺口的数量且增加缺口面积，可以避免挖掘器的打滑，适宜潮湿的土壤工作条件。按照圆盘的动力驱动形式，圆盘式挖掘器可分为主动式和被动式。其中，主动式圆盘挖掘器对土壤条件的适应性较强，不易缠草，且挖掘质量和提升土块效果均好。它不仅能够在较硬的土壤中作业，避免被动轮在工作中的滑移现象，还可以在很大程度上减少挖掘铲的黏土和堵塞。但由于需要结构复杂的传动系统提供驱动力，主动式圆盘挖掘器在现有的机械上应用的较少。被动式圆盘挖掘器的两个挖掘轮都是从动的，主要依靠圆盘与土壤之间的摩擦力实现转动。由于圆盘

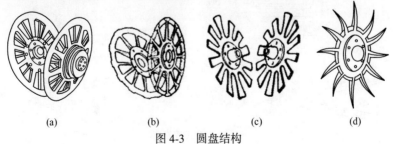

（a）　　　　　（b）　　　　　（c）　　　　　（d）
图 4-3　圆盘结构
（a）光刃圆盘；（b）缺口刃圆盘；（c）凿形刃圆盘；（d）指形刃圆盘

挖掘器挖掘土壤量比其他挖掘器挖掘量少 1/3~1/2，能够实现土壤变形和松碎，且具有一定的提升抛送效果，对甜菜块根损伤降低，且便于捡拾输送，所以国外先进的甜菜收获机大多采用圆盘式挖掘器。

（4）组合式挖掘器。组合式挖掘器又称复式挖掘器，结构相对复杂，主要由铧式挖掘铲、叉式挖掘铲、圆盘式挖掘铲等组合而成，兼顾了不同型式挖掘铲的优点，对各种土壤的适应性和入土、导向性能好，并在一定程度上得到应用。由一个倾斜圆盘和起导向作用的滑脚组成，或由一个驱动式倾斜圆盘和一个铧式铲配置而成，或采用带铧尖的挖掘器等。其结构如图 4-4 所示。这些挖掘器的类型及结构主要由甜菜收获的工作条件和完成的任务决定。如图 4-4（e）所示为圆盘刀与铧式双翼挖掘铲组合。工作时，圆盘刀切断杂草与残叶，限制挖掘空间及土壤变形范围，且避免挖掘铲缠草及壅堵。铧式双翼挖掘铲构成前宽后窄的楔形挖掘空间，对土壤作用近似为三面楔子。在逐渐变窄的运动空间中，含有甜菜的土垡被挤压、抬升、变形，并将甜菜从土壤中挤出。通常，圆盘刀与铧式双翼挖掘铲入土深度相同，且小于甜菜的地下深度，为 80~130mm。各种挖掘器的挖掘过程如图 4-5 所示，使用效果见表 4-1，损失状况如图 4-6 所示。

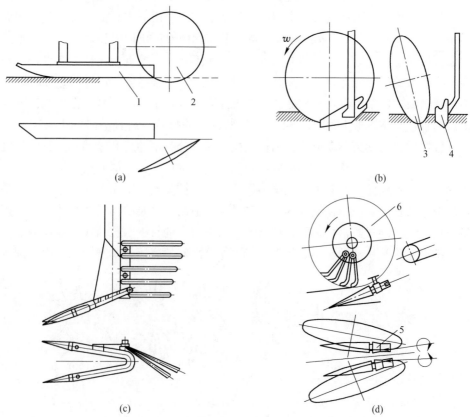

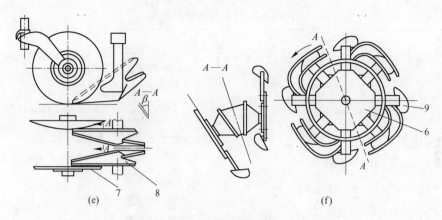

图 4-4　组合式挖掘器

（a）滑掌圆盘组合式挖掘器；（b）铧犁圆盘组合式挖掘器；（c）带铧尖的叉形挖掘器；

（d）带圆锥辊轴的圆盘式挖掘器；（e）带圆盘刀的铧式挖掘器；（f）带掘松铲的圆盘挖掘器

1—滑掌；2—从动球面圆盘；3—驱动圆盘；4—铧犁；5—驱动圆锥滚轴；

6—圆盘；7—圆盘刀；8—铧式铲；9—掘松铲

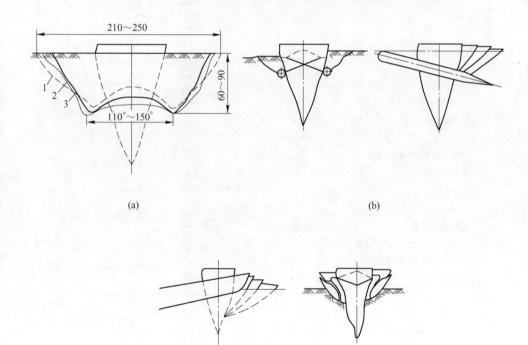

图 4-5　挖掘器的挖掘过程

（a）挖掘器留下的垄沟纵剖面；（b）叉式挖掘器掘起块根的过程；（c）铧式挖掘器掘起块根的过程

1—叉式挖掘器留下的纵剖面；2—铧式挖掘器留下的纵剖面；3—轮式挖掘器留下的纵剖面

表 4-1　挖掘器的使用效果

序号	挖掘器类型	工作质量指标		适用的工作条件
		块根上黏着的泥土或松散土重量/%	损伤的块根重量/%	
1	叉式挖掘器	54 25~65	20 5~28	中等土壤和轻质土
2	正冲角铧式挖掘器	50 22~60	15 5~22	中等土壤和轻质土
3	负冲角铧式挖掘器	46 22~58	18 5~25	中等土壤
4	负冲角低地铧式挖掘器，固定型和振动型	42 25~55	14 4~20	中等，潮湿的土壤
5	从动转动的圆盘式挖掘器	36 22~50	10 7~25	中等，轻度潮湿的土壤
6	动力驱动的圆盘式挖掘器	30 22~45	14 8~30	重壤土和中等壤土
7	只有一只轮子为动力驱动的圆盘式挖掘器	25 13~40	14 6~25	中等和重黏土
8	带击土器-Stekete 系统的旋转挖掘器	20 15~34	37 24~45	黏重潮湿的土壤
9	带旋转击土轮的负冲角铧式挖掘器	25 20~40	45 25~50	较黏重的湿地土
10	单侧固定的振动挖掘口 $f=16\mathrm{Hz}$，$c=44\mathrm{mm}$	30 26~53	30 8~35	中等土壤
11	振动铧式挖掘器，$f=44\mathrm{Hz}$，$c=5\mathrm{mm}$	28 15~45	28 8~32	中等土壤和较黏重干土
12	振动叉式挖掘器，$f=40\mathrm{Hz}$，$c=8\mathrm{mm}$	32 16~45	28 8~32	中等土壤和较黏重干土

注：只有在规定的该挖掘器的最佳条件下，才能获得最少的带土重和最小的损伤；圆盘式挖掘器不宜用于多石的土壤。

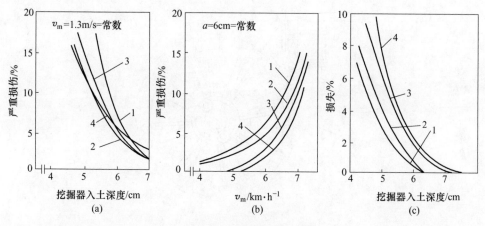

图4-6 块根损失状况

（a）入土深度与块根损伤关系；（b）工作速度对块根损伤的影响；（c）入土深度与块根损失关系
1—负冲角铧式挖掘器；2—叉式挖掘器；3—接地随动和驱动圆盘式挖掘器；4——个驱动的圆盘式挖掘器

　　鉴于以上分析，结合甜菜单株种植的特点和我国的动力配置情况，选定结构简单、适应性强、入土容易、挖掘损失相对较小的圆盘式挖掘器。通过综合比较分析，该挖掘部件挖掘量比铧式挖掘器的挖掘量少30%以上，可以将甜菜顺利挖掘出来，并在保证块根损伤小的情况下，初步完成土壤的松碎，有效减少后续工序的工作量。但该挖掘结构相对复杂，设计参数和强度要求高，还需要在以后的设计过程中进一步寻找规律和完善。

4.1.3 圆盘式挖掘装置的结构及工作原理

　　挖掘是收获作业的重要工序，直接影响后续作业的质量和效果。作为甜菜联合收获机械的关键部件之一，圆盘式挖掘装置为滚动挖掘，且挖掘量比铧式挖掘装置少1/3~1/2，达到了减阻的效果；轮辐式空间结构加大了土壤变形的程度，影响甜菜块根的挖掘和土壤的松碎，决定了挖掘收获作业的质量和效果。挖掘装置主要由调节垫块、圆盘轴臂架、堵漏盘、挖掘圆盘、轴承轮毂、安装座等组成。其中，圆盘轴臂架为焊接件，两侧对称焊接圆盘轴；圆盘轴通过圆锥滚子轴承连接轴承轮毂；轴承轮毂利用螺栓分别与圆盘、堵漏盘相连；安装座通过螺栓与机架相连，并利用销轴与圆盘轴臂架连接；通过更换不同长度的调节垫块，可使得圆盘轴臂架围绕销轴转动，以改变挖掘圆盘的空间位置。挖掘装置结构如图4-7所示。

　　工作时，挖掘装置的安装座与机架相连，并在拖拉机的牵引下前进。挖掘圆盘借助自身与土壤的摩擦力产生转动，并对含有甜菜块根的土壤进行切割和挖掘。由于挖掘圆盘的特殊安装位置，切下的土垡被圆盘逐步挤压、松碎，并随着

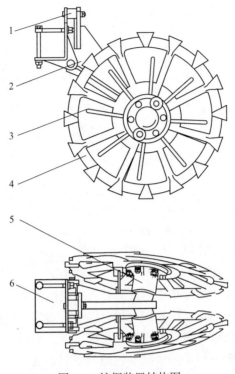

图 4-7 挖掘装置结构图

1—调节垫块；2—圆盘轴臂架；3—堵漏盘；

4—挖掘圆盘；5—轴承轮毂；6—安装座

挖掘圆盘的曲面运动。在此过程中，部分土壤被挤碎、侧漏，实现土壤与甜菜块根之间的分离；同时甜菜块根在土壤和挖掘圆盘的共同作用下，沿着挖掘圆盘曲面提升，直到挖掘圆盘之间的距离足够大时被抛掷轮抛送到后方的输送清选装置。

4.2 挖掘装置的参数分析及确定

4.2.1 挖掘装置的工作参数分析

挖掘装置具有切土、推土、碎土和翻土的作用，且与铧式犁等装置相比，不易被杂草、灌木和其他纤维物质堵塞。它的工作参数主要取决于块根直径、块根偏离种植行中心线的距离、挖掘深度及块根抛送方式等。作业时，挖掘圆盘在机器自重和土壤摩擦阻力的共同作用下，一边前进，一边滚转；前沿刃口切开土壤，凹面进行土壤的松碎、推动和翻转；刃口对土壤的滑切作用较大，具有较强的土壤松碎、切削能力。由于挖掘圆盘为空间结构，结构曲面是由平面与空心球体相截而成，刃口是两曲面的交线，且圆盘面分别与前进方向和铅垂面之间有一定的角度,故其与土壤的挖掘机理较为复杂。挖掘装置的工作参数如图 4-8 所示。其中,β 为挖掘圆盘的倾角,决定着切削后土壤的翻土效果;γ 为挖掘圆盘的偏角,影响着切削后土壤推向一侧的效果;ε 为两个挖掘圆盘所在平面的张角(即二面角),决定了挖掘圆盘的张口大小;i 为通过两个挖掘圆盘的二面角的平面与垂直面的偏离角,决定了两个挖掘圆盘边缘最小距离处的空间位置。各个参数存在以下关系:

$$k = \frac{c - b}{2\sin\gamma} \tag{4-1}$$

$$k^2 = R^2 - \left(R - \frac{h}{\cos\beta}\right)^2 \tag{4-2}$$

$$\sin\varepsilon = \frac{c_{max} - c_{min}}{4R} \tag{4-3}$$

为了提高挖掘效果,减少甜菜损伤,两个挖掘圆盘入土线最小距离 $2b$ 和最大距离 $2c$ 主要由收获的甜菜块根的大小决定。其中,挖掘圆盘入土线最大距离 $2c$ 应满足式(4-4)。

$$2c \geq B_{max} + 2m_B \tag{4-4}$$

式中　B_{max}——甜菜块根在垄行中分布的平均最大宽度,mm;

　　　m_B——工作时挖掘圆盘相对于垄行中心线的平均偏差(由挖掘圆盘沿垄行行驶的精度决定),mm。

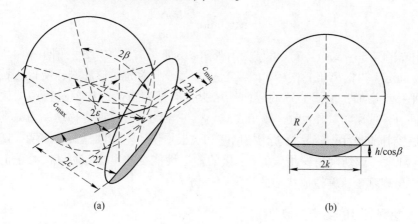

(a)　　　　　　　　　　　　　　(b)

图 4-8　挖掘圆盘工作参数

(a) 立体图;(b) 平面图

c_{max}—两圆盘边缘最大距离,mm;c_{min}—两圆盘边缘最小距离,mm;R—挖掘圆盘半径,mm;

$2c$—两条入土线最大距离,mm;$2b$—两条入土线最小距离,mm;2β—两圆盘垂直轴线张角,(°);

2γ—两圆盘水平轴线张角,(°);2ε—两圆盘面的张角,(°);$2k$—入土线长度,mm;

i—偏离角,(°);h—挖掘深度,mm

在挖掘装置工作过程中，被挖掘部件切下的含有甜菜的土垡将在逐渐变窄的通道里运动，并沿着圆盘面向上移动，效果与切削角相同的平面挖掘铲的工作等量。因此，挖掘圆盘与土壤的相互作用单元可视为成对作用的三面楔子。结合挖掘装置中的圆盘结构，成对三面楔子如图 4-9 所示。

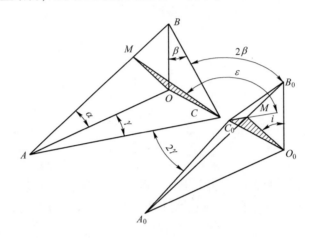

图 4-9   成对三面楔子示意图

在三面楔子中，特征角之间满足以下关系。

$$\tan\beta = \tan\varepsilon\cos i \tag{4-5}$$

$$\tan\gamma = \tan\varepsilon\sin i \tag{4-6}$$

$$\tan i = \tan\alpha = \frac{\tan\gamma}{\tan\beta} \tag{4-7}$$

由式（4-5）~式（4-7）可见，当张角 ε 为常量时，倾角 β 及偏角 γ 可以由偏离角 i 确定。当偏离角 i 增大时，偏角 γ 增大，土垡的变形加剧，使得土壤质点的水平移动增加，挖掘装置的导向性增强，但是容易造成挖掘过程中的块根断裂。同时，偏离角 i 增大时，倾角 β 减小，可导致土壤的垂直移动能力减弱，增加土壤提升的难度，容易发生挖掘堵塞和块根损伤。挖掘圆盘试验表明，随着偏离角 i 增大（或切削角 α 增大），土垡的输送性能变差，当超过 45°~50°时，挖掘部件出现壅土，并造成块根的损失和损伤。

4.2.2   挖掘圆盘的结构参数分析

挖掘圆盘为球面盘，工作面曲率为常数定值，凸面周边磨刃，入土、碎土能力强，采用 65Mn 铸造，800℃ 回火处理。其主要结构参数包括圆盘直径、球面曲率半径、隙角、刃面角和刃角等。沿圆盘外侧磨刃面延伸可得到圆盘面为底的圆锥体。圆盘结构参数如图 4-10 所示。其中，γ 为偏角，圆盘平面与前进方向所成的夹角；δ 为隙角，圆盘刃面与前进方向所成的角；η 为刃面角，圆盘刃面与圆盘平面所成的夹角；θ 为刃角，刃口处圆盘内凹面圆的切线与刃面所成的夹角；φ 为球心半角，圆盘水平截面上圆盘的扇形半角。

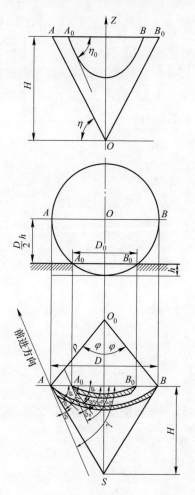
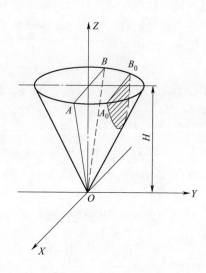

图 4-10 圆盘的结构参数

在过球心的水平截面上，参数间存在以下关系。

$$D = 2\rho\sin\varphi \qquad (4\text{-}8)$$

式中　D——圆盘直径，mm；

　　φ——球心半角，（°）；

　　ρ——球面圆盘的曲率半径，mm。

$$\eta = \varphi + \theta \qquad (4\text{-}9)$$

式中　η——刃面角，（°）；

　　θ——刃角，（°）。

$$\gamma = \eta + \delta \qquad (4\text{-}10)$$

式中　　γ ——圆盘偏角，（°）；

　　　　δ ——圆盘隙角，（°）。

$$\tan\eta = \frac{2H}{D} \tag{4-11}$$

式中　　H ——圆盘刃面圆锥的锥高，mm。

　　鉴于挖掘圆盘的结构，在圆盘的不同水平截面上，圆盘刃面与圆盘平面形成的锥底角不是常量，并且与沟底相距为 h 的圆盘水平截面参数比过球心的水平截面上的参数更能够反映圆盘作业时的实际情况，更具有实际指导意义。

　　因此，同理可得，

$$\eta_0 = \varphi_0 + \theta \tag{4-12}$$

式中　　η_0 ——作业深度 h 处与 η 对应的锥底角，（°）；

　　　　φ_0 ——作业深度 h 处与 φ 对应的角，（°）。

$$\gamma = \eta_0 + \delta_0 \tag{4-13}$$

式中　　δ_0 ——作业深度 h 处与 δ 对应的隙角，（°）。

　　在图 4-10 所示的坐标系内，根据几何关系，圆盘刃的圆锥面方程为：$\begin{cases} x^2 + y^2 = \left(\dfrac{Dz}{2H}\right)^2 \\ z \geq 0 \end{cases}$ 。由于与沟底相距为 h 的圆盘水平截面与圆盘刃面形成的圆锥面的交线为双曲线，且双曲线方程为 $\begin{cases} x^2 + \left(\dfrac{D}{2} - h\right)^2 = \left(\dfrac{Dz}{2H}\right)^2 \\ z \geq 0 \end{cases}$ ，故双曲线的切线斜率即为圆盘刃面与圆盘平面形成的锥底角系数。取双曲线方程的一次导函数，并令其为零，即得到双曲线上任一点切线的角度系数。将 A 点坐标（$\dfrac{D}{2}$, 0, H）代入，得到 A 点所做切线的角度系数。

　　因此，η_0 满足以下关系。

$$\tan\eta_0 = \frac{2HD_0}{D^2} \tag{4-14}$$

式中　　D_0 ——作业深度 h 处水平截面圆上的弦长，mm；

　　　　η_0 ——作业深度 h 处与 η 对应的锥底角，（°）。

　　由式（4-11）和式（4-14）可得：

$$\tan\eta_0 = \tan\eta \frac{D_0}{D} \tag{4-15}$$

　　由此可得，在挖掘圆盘的不同水平截面上，圆盘刃面与圆盘平面形成的锥底角各异，并随着水平截面接近圆盘回转中心而逐渐变大。

由式（4-13）可知，在圆盘结构和工作条件一定时，作业深度 h 处水平截面上的隙角 δ_0 影响圆盘的入土性能。当隙角 δ_0 较大时，圆盘偏角 γ 减小，挖掘部件的入土性能增强；反之，圆盘的入土性能减弱。同样，如果单独调整偏角 γ，也可以调整隙角 δ_0 的大小。圆盘凸面与偏角 γ 存在三种位置关系，如图 4-11 所示。当偏角 γ 足够小时，会导致圆盘的隙角 $\delta_0<0$，从而引起圆盘凸面挤压未耕土壤，并使得圆盘刃承受一定的土壤反力，引起牵引阻力增大，限制圆盘的挖掘深度；当偏角 γ 足够大时，圆盘的隙角 $\delta_0>0$，圆盘凸面不会与未耕土壤接触，不产生挤压磨损；当圆盘的隙角 $\delta_0=0$ 时，圆盘凸面与土壤的接触仅仅发生在圆盘切削刃口表面。由式（4-13）、式（4-14）可得临界偏角 γ_c 满足以下公式：

$$\gamma_c = \eta_0 = \arctan\left(\frac{2HD_0}{D^2}\right) \tag{4-16}$$

式中，$D_0 = 2\sqrt{h(D-h)}$。则：

$$\gamma_c = \arctan\left(\frac{4H\sqrt{h(D-h)}}{D^2}\right) \tag{4-17}$$

由此可见，圆盘的临界偏角 γ 与圆盘直径 D、圆盘刃面圆锥的锥高 H、作业深度 h 有关，且影响圆盘工作时的入土能力和凸面的受力情况。

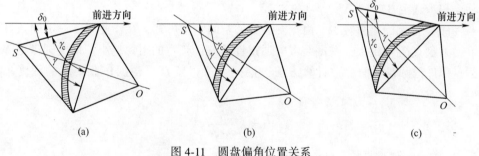

图 4-11　圆盘偏角位置关系

（a）$\gamma>\gamma_c=\eta_0$；（b）$\gamma=\gamma_c=\eta_0$；（c）$\gamma<\gamma_c=\eta_0$

4.2.3　圆盘挖掘装置参数的确定

通过以上分析可知，在挖掘装置中，挖掘圆盘的主要工作参数（倾角 β、偏角 γ、张角 ε）及结构参数（圆盘直径 D、圆盘曲率半径 ρ）决定了挖掘装置的空间结构和工作位置，影响挖掘部件的工作质量。

（1）倾角 β 和偏角 γ。挖掘圆盘倾角 β 及偏角 γ 是挖掘部件的重要工作参数，决定了挖掘部件对土壤的作用，影响挖掘部件作用在块根上的压力大小和分布。在挖掘圆盘尺寸一定的条件下，随着挖掘深度的增加，土壤质点接触的圆盘凹面越来越陡，土垡上升困难，阻力增加。单纯采用减少圆盘曲率半径或增加圆盘直径的方式可以减少土壤的上升阻力，提高碎土和翻土的效果，但会影响偏角且造成圆盘直径过大。调节倾角 β 可以解决挖掘土壤在垂直方向的运动情况，提高挖掘装置入土性能和挖掘深度。同时，偏角 γ 对挖掘圆盘的切土、碎土、翻土和挖掘深度具有重要的影响。增大偏角 γ，可以增强圆盘的碎土和推土能力，使得圆盘刃口下部对土壤的铅垂分力增大，致使挖掘深度和牵引阻力同时增加。为了提高挖掘深度，牺牲挖掘装置的能耗不是很好的选择。因此，采用合适的倾角和偏角尤为重要，并可以在一定程度上解决挖掘深度的问题，提高挖掘装置的适应性和作业要求。

苏联的 Gerasimchuk 从试验的角度提出了挖掘圆盘倾角 β 及偏角 γ 的最佳范围，指出当 $\beta = 15° \sim 16°$ 和 $\gamma = 15° \sim 16°$ 时挖掘圆盘的垂直提升力最大，对甜菜的损伤最小。苏联的 Prohazka 通过对单行圆盘挖掘装置的动力测量得出了倾角 β 的最佳范围为 $\beta = 12.5° \sim 15°$，且倾角 β 在此范围内变化时不会降低挖掘装置的工作质量，并提出了当倾角 $\beta = 12.5°$ 时牵引力最低的结论。在实际应用中，圆盘收获部件的 $\gamma = \beta = 12.5° \sim 15°$，且 γ 值要比 β 值低一些。对于双行或多行机械的倾角 β 和偏角 γ 都要小于公认给出的最佳值。考虑工作质量和甜菜块根的物理几何特性，选择两个挖掘圆盘在垂直面的夹角与甜菜块根的锥度 $33.3°$ 相近，以便提高挖掘部件与甜菜块根的接触面积。结合挖掘圆盘的设计要求和工作实际，初步选定 $\beta = 13.3°$，$\gamma = 7.8°$。

（2）挖掘圆盘直径 D。由挖掘装置的空间结构可知，在作业深度一定的条件下，圆盘直径 D 越大，挖掘装置的通过性越好，幅宽的阻力越小。借鉴圆盘耙等圆盘部件的圆盘曲面参数计算方法，挖掘圆盘直径 D 可根据作业要求的深度求得。一般：

$$D = K \frac{h}{\cos\beta}$$

式中　D——圆盘直径，mm；

　　　h——作业深度，mm；

　　　K——经验系数，一般取 $4 \sim 6$。

根据甜菜的种植农艺和收获条件，作业深度为 $80 \sim 120$mm。选取 $K = 6$，则挖掘圆盘直径 D 为 $480 \sim 720$mm。根据格拉西姆楚克的研究，圆盘直径改变对土垡的松碎效果影响不明显，通常挖掘圆盘直径为 $600 \sim 700$mm。由于挖掘装置的特殊结构，工作时被挖掘圆盘切下的含有块根的土垡一般会贴附着圆盘表面运动。因此，为了进一步得到较优的圆盘尺寸，可采用挖掘圆盘的参数几何关系式（4-1）和式（4-2），得到挖掘圆盘的直径 D。

$$D = \frac{(c - b)^2\cos\beta}{4h\sin^2\gamma} + \frac{h}{\cos\beta} \tag{4-18}$$

通过对甜菜种植模式和几何尺寸的调查发现，当挖掘深度约 80mm 时，基本可以将甜菜块根顺利挖出。因此，初步选定挖掘深度 $h = 80$mm 时，$c-b = 60$mm。将 $\beta = 13.3°$，$\gamma = 7.8°$，$h = 80$mm，$c-b = 60$mm 代入式（4-18），可得到 $D = 679$mm。初步确定挖掘圆盘直径为 680mm。

（3）张角 ε。由挖掘装置的结构特点，张角 ε 由式（4-19）确定。

$$\varepsilon = \arcsin\left(\frac{c_{\max} - c_{\min}}{4R}\right) \tag{4-19}$$

其中，$c_{\max}$ 由甜菜收获的行距限定，$c_{\min}$ 由甜菜块根的大小和收获要求确定。

$$c_{\max} \leqslant S - 2\Delta b - \Delta s \tag{4-20}$$

式中 　S——行距，mm；

　　　　Δb——圆盘轮缘厚度，mm；

　　　　Δs——两相邻挖掘部件圆盘之间的间隙，mm。

根据甜菜收获要求和设计经验，$\Delta b = 0.008D + 1$，圆盘轮缘厚度一般为 4.5～9mm，则 Δb 为 6.44mm。取 $S = 600$mm，$\Delta b = 7$mm，$\Delta s = 190$mm，$c_{\min} = 35$mm，可得 $\varepsilon \leqslant 15.39°$。结合国外圆盘挖掘式收获装置的结构特征，确定圆盘张角 ε 为 15.25°。

（4）挖掘圆盘曲率半径 ρ。圆盘曲率半径是圆盘的关键结构参数，可由式（4-8）、式（4-12）、式（4-15）求得。

$$\rho = \frac{D}{2\sin\varphi} \tag{4-21}$$

其中，$\varphi = \eta - \theta = \arctan\left[\dfrac{D\tan\eta_0}{2\sqrt{h(D-h)}}\right] - \theta$。

根据经验，圆盘刃角 θ 在一定程度上要既满足圆盘刃口强度的要求，又要尽量取小些，以减小切割阻力，一般在 15°～22°。由于圆盘刃口为外磨刃，且隙角 δ_0 决定圆盘整个刃面与未耕土壤的接触情况，一般 $|\delta_0| = \theta(\delta_0 < 0)$。根据设计要求，初步选定参数 $\theta = 15°$，$\delta_0 = -15°$，并将 $\gamma = 7.8°$，$h = 80$mm 代入式（4-13）和式（4-21），可求得挖掘圆盘曲率半径 $\rho = 1093.3$mm。确定挖掘圆盘曲率半径 $\rho = 1100$mm。

4.3　挖掘圆盘的运动学分析

为了得到合理的设计参数和理想的工作效果，对挖掘圆盘进行运动学分析。研究圆盘位置随时间的变化规律，以获得挖掘圆盘的运动轨迹和速度方程，为挖掘装置的设计改进提供依据。以两个挖掘圆盘的旋转轴的交点为原点 O，前进方向为 X 轴正方向，平行于水平面并指向未耕地的方向为 Y 轴正方向，垂直于水平面为 Z 轴，建立空间右手坐标系 $O\text{-}XYZ$。依据圆盘的空间位置及结构参数特点，将 XOZ 平面绕 Y 轴逆时针旋转 i 角，然后再绕旋转后的 X 轴顺时针旋转 ε 角，并

将 O 点移到与 O' 重合，建立新的空间直角坐标系 $O'\text{-}X'Y'Z'$ 。挖掘装置空间坐标系如图 4-12 所示。

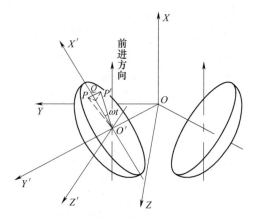

图 4-12　空间直角坐标系

在空间直角坐标系 $O'\text{-}X'Y'Z'$ 中，P 为挖掘圆盘曲上任意一点，在圆盘平面上的投影为 P' 点；其矢径在圆盘平面上的投影长度为 r ，在圆盘旋转轴上的投影长度为 d ，则 $|O'P'|=r$ ，$|P'P|=d$ ，$|OO'|=l$ ；自 X' 轴正向绕 Y' 轴逆时针转动的相位角为 ωt ，ω 为圆盘自转的角速度。各个参数满足以下关系：

$$d = \sqrt{\rho^2 - r^2} - \sqrt{\rho^2 - R^2} \tag{4-22}$$

式中　ρ ——挖掘圆盘的曲率半径，mm；

　　　R ——圆盘平面的半径，mm。

$$\omega = \frac{v_t \cos\gamma}{R(1 + S)} \tag{4-23}$$

式中　S ——挖掘圆盘的滑转率（$S<0$）或滑移率（$S>0$）；

　　　v_t ——挖掘部件的前进速度，mm/s。

$$S = \pm\frac{L - 2\pi Rn}{2\pi Rn} \times 100\% \tag{4-24}$$

式中　L ——轮子实际行走的距离，mm；

　　　R ——轮子半径，mm；

　　　n ——轮子的转动圈数。

在空间坐标系 $O\text{-}XYZ$ 中，点 O' 的坐标为（$-l\sin\varepsilon\sin i$, $l\cos\varepsilon$, $-l\sin\varepsilon\cos i$），且坐标系 $O'\text{-}X'Y'Z'$ 相对原坐标的单位坐标向量为：

$$\boldsymbol{x'} = (\cos i,\ 0,\ -\sin i)$$

$$\boldsymbol{y} = (-\sin\varepsilon\sin i,\ \cos\varepsilon,\ -\sin\varepsilon\cos i)$$

$$\boldsymbol{z'} = (\cos\varepsilon\sin i,\ \sin\varepsilon,\ \cos\varepsilon\cos i)$$

根据空间向量关系，各个向量存在以下关系：

$$\boldsymbol{OP} = \boldsymbol{OO'} + \boldsymbol{O'Q} + \boldsymbol{QP'} + \overrightarrow{P'P}$$

$$\boldsymbol{OO'} = (-l\sin\varepsilon\sin i,\ l\cos\varepsilon,\ -l\sin\varepsilon\cos i)$$

$$\boldsymbol{O'Q} = r\cos\omega t(\cos i,\ 0,\ -\sin i)$$

$$\boldsymbol{QP'} = -r\sin\omega t(\sin i\cos\varepsilon,\ \sin\varepsilon,\ \cos i\cos\varepsilon)$$

$$\boldsymbol{P'P} = (-d\sin\varepsilon\sin i,\ d\cos\varepsilon,\ -d\sin\varepsilon\cos i)$$

由此，可求得在空间直角坐标系 $O\text{-}XYZ$ 中，圆盘曲面上任意点 P 的相对运动轨迹方程为：

$$\begin{cases} X(t) = r(\cos i\cos\omega t - \sin i\cos\varepsilon\sin\omega t) - (l+d)\sin i\sin\varepsilon \\ Y(t) = -r\sin\varepsilon\sin\omega t + (l+d)\cos\varepsilon \\ Z(t) = -r(\sin i\cos\omega t + \cos i\cos\varepsilon\sin\omega t) - (l+d)\cos i\sin\varepsilon \end{cases} \tag{4-25}$$

当挖掘部件的前进速度为 v_t 时，圆盘曲面上任意点 P 的绝对运动轨迹方程为：

$$\begin{cases} X(t) = r(\cos i\cos\omega t - \sin i\cos\varepsilon\sin\omega t) - (l+d)\sin i\sin\varepsilon + v_t t \\ Y(t) = -r\sin\varepsilon\sin\omega t + (l+d)\cos\varepsilon \\ Z(t) = -r(\sin i\cos\omega t + \cos i\cos\varepsilon\sin\omega t) - (l+d)\cos i\sin\varepsilon \end{cases} \tag{4-26}$$

同理得，圆盘曲面上任意点 P 的相对速度方程为：

$$\begin{cases} v_x(t) = \dot{X}(t) = -\omega r(\cos i\sin\omega t + \sin i\cos\varepsilon\cos\omega t) \\ v_y(t) = \dot{Y}(t) = -\omega r\sin\varepsilon\cos\omega t \\ v_z(t) = \dot{Z}(t) = \omega r(\sin i\sin\omega t + \cos i\cos\varepsilon\cos\omega t) \end{cases} \tag{4-27}$$

圆盘曲面上任意点 P 的绝对速度方程为：

$$\begin{cases} v_x(t) = \dot{X}(t) = -\omega r(\cos i\sin\omega t + \sin i\cos\varepsilon\cos\omega t) + v_t \\ v_y(t) = \dot{Y}(t) = -\omega r\sin\varepsilon\cos\omega t \\ v_z(t) = \dot{Z}(t) = \omega r(\sin i\sin\omega t + \cos i\cos\varepsilon\cos\omega t) \end{cases} \tag{4-28}$$

假设挖掘圆盘与土壤接触之后做纯滚动，且无打滑、无滑移（即 $S=0$），利用 MATLAB 软件绘制圆盘刃口上任意点的绝对轨迹及绝对速度，如图 4-13 和图 4-14 所示。

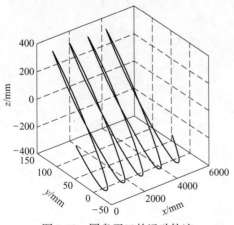

图 4-13　圆盘刃口的运动轨迹

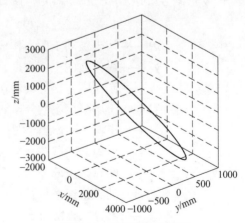

图 4-14　圆盘刃口的速度

4.4　挖掘装置的力学分析

　　圆盘式挖掘部件的挖掘机理和受力状况区别于一般的铧式犁、圆盘耙等工作部件，具有自身的特征。在工作中，其载荷受土壤类型、土壤特性（抗压力、抗剪力、黏着力、内聚力和摩擦力）和挖掘结构等因素的影响；工作阻力可分为圆盘凹面的阻力和凸面的挤压刮擦阻力。其中，圆盘凹面受力与铧式犁体相似，方向垂直于圆盘与地平面的交弦，大小随着圆盘偏角的变化而变化，可将土壤抬起、侧推和松碎。圆盘凸面与未耕土壤产生一定的挤压力和刮擦力，并随着圆盘偏角的增大而减小。当圆盘的隙角 δ_0 足够大，即 $\delta_0 > 0 (\gamma > \gamma_c)$ 时，圆盘凸面不再与未耕土壤发生刮擦。为了简化受力分析，取挖掘圆盘的垂直位置进行力学分析（$\beta = 0$，$i = 0$）。

4.4.1　圆盘凹面的受力

　　假设土垡为钢塑体，土粒对挖掘圆盘曲面的撞击为非弹性碰撞，土体在破裂面上的剪应力满足摩尔-库仑公式；土垡只沿着圆盘上移而不后移，土垡的移动阻力与面积大小成正比，圆盘凹面的有效面积随偏角的正弦值变化。圆盘凹面受力及坐标系如图 4-15 所示。则结合工作部件的结构，依据 Hettiarachi 和 Reece 等宽齿理论，建立挖掘圆盘凹面的阻力模型：

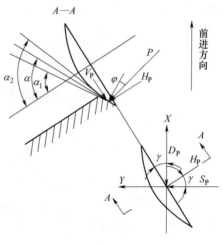

图 4-15　圆盘凹面受力

$$P = (\gamma_i h^2 N_r + Ch N_c + C_a h N_a + qh N_q) l$$

$$(4-29)$$

式中　　　　　　P ——切土被动土压力构成的阻力，N；

　　　　　　　　γ_i ——耕作前的土壤重度，N/cm³；

　　　　　　　　h ——圆盘入土部分的耕深，cm；

　　　　　　　　C ——土壤凝聚系数，N/cm²；

　　　　　　　　C_a ——土壤–金属切向黏附力，N/cm²；

　　　　　　　　q ——均匀地面载荷，N/cm²；

N_r，N_c，N_a，N_q ——圆盘入土部分承载力土壤自重、内聚力、附着力和附加载荷的无量纲系数；

　　　　　　　　l ——圆盘入土部分的有效宽度，cm。

　　根据实际观察，圆盘剪裂的土垡月牙片的大小主要由圆盘的形状和偏角决定。其凹面切土的作用力随偏角而变化。假设均匀地面载荷与偏角有关，并随着偏角的减小而减小；当偏角等于90°时，土壤堆至圆盘轴线，此时均匀地面载荷最大；均匀地面载荷随偏角成正弦变化关系，且满足以下关系：

$$q = (R - h)\gamma_f \sin\gamma \tag{4-30}$$

式中　γ——圆盘偏角，(°)；

　　　γ_f——耕作后土壤的重度，N/cm^3；

　　　R——圆盘半径，cm。

当圆盘耕作深度为 h 时，圆盘入土部分的有效宽度 $l = 2\sqrt{2Rh - h^2}\sin\gamma$。因此，圆盘挖掘部件凹面的阻力满足式 (4-31)。

$$P = 2\sqrt{2Rh - h^2}\left[\gamma_i h^2 N_r + ChN_c + C_a hN_a + (R - h)\gamma_f \sin\gamma hN_q\right]\sin\gamma \tag{4-31}$$

由于挖掘圆盘采用辐盘式结构，土体在被圆盘切割、挤压、松碎的过程中会通过圆盘上的空隙挤压外漏，使得挖掘土体的瞬时回转中心位置变动，挖掘圆盘受到的正压力减小，以致圆盘入土部分承载力土壤自重、内聚力、附着力和附加载荷的无量纲系数及均匀地面载荷发生变化，最终导致挖掘圆盘凹面的阻力减小。因此，为了反映挖掘圆盘部件的阻力，假设圆盘挖掘部件凹面的阻力满足式 (4-32)。

$$P = 2\sqrt{2Rh - h^2}\left[K_1\gamma_i h^2 N_r + K_2 ChN_c + K_3 C_a hN_a + K_4(R - h)\gamma_f \sin\gamma hN_q\right]\sin\gamma \tag{4-32}$$

式中　K_1，K_2，K_3，K_4——分别为圆盘阻力修正系数。

依据力的分解原则，得：

$$H_P = P\sin(\alpha + \varphi) \tag{4-33}$$

$$V_P = -P\cos(\alpha + \varphi) \tag{4-34}$$

$$D_P = H_P\sin\gamma = P\sin(\alpha + \varphi)\sin\gamma \tag{4-35}$$

$$S_P = H_P\cos\gamma = P\sin(\alpha + \varphi)\cos\gamma \tag{4-36}$$

式中　α——圆盘平均后隙角，且 $\alpha = \dfrac{\alpha_1 + \alpha_2}{2}$，(°)；

　　　φ——圆盘的外摩擦角，(°)。

4.4.2　圆盘凸面的受力

由于挖掘圆盘的耕作深度小于耕作宽度的1~2倍，故圆盘凸面的受力近似为浅地基土壤承载过程的受力状况，并主要受到土壤力学特性（内聚力、内摩擦角）、耕作深度、圆盘形状等因素的影响。目前，普朗德尔（Prandtl）、太沙基（Terzaghi）、迈耶霍夫（meyerhof）等地基极限承载力的理论主要采用假定滑动面的方法，根据塑性体的静力平衡条件得到地基单位面积上能够承受的压力或者导致地基发生整体剪切破坏的最小压力。依据迈耶霍夫（Meyerhof）公式，可以得到圆盘的最大铅垂应力公式：

$$q' = CN'_c + qN'_q + \frac{1}{2}\gamma_i bN'_r \tag{4-37}$$

式中　　　q'——最大铅垂应力，N/cm^2；

　　　　　C——土堡的凝聚力系数，N/cm^2；

　　　　　q——均匀地面载荷，N/cm^2；

　　　　　γ_i——圆盘底面以上的土壤重度，N/cm^3；

　　　　　b——圆盘厚度（宽度），cm；

　N'_r，N'_c，N'_q——圆盘入土部分承载力无量纲系数。

　　根据几何关系，当圆盘耕作深度为 h 时，假设圆盘入土部分与土壤的接触面积的俯视投影面积如图 4-16 所示，且最大接触面积的俯视投影面积 A 满足以下公式。

$$A \approx \frac{W}{2} \frac{X}{2} = \frac{\sqrt{2Rh - h^2}\left(\sqrt{\rho^2 - (R-h)^2} - \sqrt{\rho^2 - R^2}\right)}{2} \tag{4-38}$$

式中　ρ——圆盘所在球面曲率半径，cm；

　　　R——圆盘半径，cm。

　　在圆盘凸面压土的实际工作中，圆盘凸面与土壤间产生的刮擦力的大小随着圆盘偏角的增大而减小，且偏角 $\gamma = 90°$时最大，$\gamma = \gamma_c$ 时最小（γ_c 为临界偏角）；均匀地面载荷和土壤容重较小，可忽略不计。为了计算方便，假设圆盘与土壤接触面积的俯视投影面积与圆盘偏角成正弦关系，且满足 $A_s = A\sin\left[\dfrac{\pi(\gamma_c - \gamma)}{2\gamma_c}\right]$。因此，由迈耶霍夫（Meyerhof）公式，可以得到圆盘的铅垂承载公式：

$$V_s = q'A_s = \begin{cases} q'A\sin\left[\dfrac{\pi(\gamma_c - \gamma)}{2\gamma_c}\right], & \gamma < \gamma_c \\ 0, & \gamma \geqslant \gamma_c \end{cases} \tag{4-39}$$

式中　V_s——铅垂承载力，N；

　　　A_s——圆盘与土壤接触面积的俯视投影面积，cm^2。

即，

$$V_s = \begin{cases} \dfrac{\sqrt{2Rh - h^2}}{2}\left(CN'_c + qN'_q + \dfrac{1}{2}\gamma_i bN'_r\right)\left[\sqrt{\rho^2 - (R-h)^2} - \sqrt{\rho^2 - R^2}\right]\sin\left[\dfrac{\pi(\gamma_c - \gamma)}{2\gamma_c}\right], & \gamma < \gamma_c \\ 0, & \gamma \leqslant \gamma_c \end{cases}$$

　　为了研究简便，假设圆盘凸面的受力情况如图 4-17 所示。其中，圆盘凸面

的承载力 R 的水平分力为 H_s，并作用于圆盘磨刃平面的法向。因此，圆盘凸面受力满足以下关系：

$$H_s = V_s \tan(\alpha - \varphi) \tag{4-40}$$

$$D_s = H_s \sin(\gamma_c - \gamma) = V_s \tan(\alpha - \varphi)\sin(\gamma_c - \gamma) \tag{4-41}$$

$$S_s = H_s \cos(\gamma_c - \gamma) = V_s \tan(\alpha - \varphi)\cos(\gamma_c - \gamma) \tag{4-42}$$

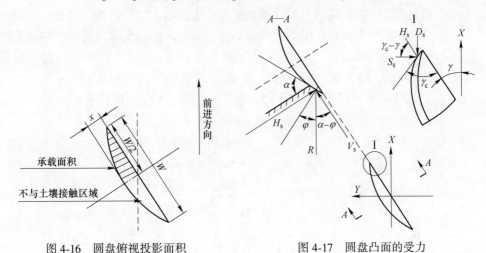

图 4-16 圆盘俯视投影面积　　　图 4-17 圆盘凸面的受力

综上所述，圆盘整体的受力满足以下关系。

$$\begin{cases} D = D_P + D_s = P\sin(\alpha + \varphi)\sin\gamma + V_s\tan(\alpha - \varphi)\sin(\gamma_c - \gamma) \\ S = S_P - S_s = P\sin(\alpha + \varphi)\cos\gamma - V_s\tan(\alpha - \varphi)\cos(\gamma_c - \gamma) \\ V = V_P + V_s = -P\cos(\alpha + \varphi) + V_s \end{cases} \tag{4-43}$$

式中　　D——圆盘牵引阻力，N；

　　　　S——圆盘侧向力，N；

　　　　V——圆盘铅垂反力，N。

根据圆盘耕作部件的受力特点，圆盘受到的土壤阻力可采用力螺旋的形式表示，合并为一个力和一个在垂直于此力的平面上的力偶；或两个互不相交的力；或三个力和三个力偶的形式。现将圆盘受力采用两个互不相交的力来表示。一个是平行于圆盘回转轴的推力 T，另一个是径向力 U。由于土壤作用于圆盘的下部，则推力 T 总是低于圆盘中心，径向力 U 通过圆盘中心的后方，以提供圆盘转动做需要的力矩。为了简化计算，通常忽略圆盘的旋转阻力，假设推力 T 过挖掘土壤的瞬时回转中心 C 点（约为平均耕深处），径向力 U 过圆盘中心。其中，径向力 U 可进一步地分解为 U_z 和 U_{xy}。如果将 T 从 C 点移动到轴心 O，并与 U_{xy} 合并为 R，则同时产生力矩 M。圆盘受力如图 4-18 所示。由几何关系，圆盘的力偶及受力满足以下关系：

$$M = (R - h')T \tag{4-44}$$

式中　　h'——瞬时回转中心距离耕底距离，mm。

$$\begin{cases} U_{xy} = D\cos\gamma - S\sin\gamma \\ T = D\sin\gamma + S\cos\gamma \\ U_z = V \end{cases} \tag{4-45}$$

由圆盘所受阻力的组成可知，圆盘的受力主要与土壤的特性、圆盘在土壤中所处的位置和圆盘的偏角、平均后隙角的大小相关。假设土壤质点与挖掘圆盘的作用和相对运动与圆盘位置无关。在图 4-18 所示的坐标系中，挖掘圆盘（偏角为 γ，倾角为 β，转角为 i，张角为 ε）轴心 O' 处的力向量为 $[-U_{xy}, T, U_z]$，则在 $O\text{-}XYZ$ 坐标系下圆盘轴心处的力向量 $[D', S', V']$ 满足以下关系：

$$\begin{bmatrix} D' \\ S' \\ V' \end{bmatrix} = \begin{bmatrix} \cos i & -\sin i \sin\varepsilon & \sin i \cos\varepsilon \\ 0 & \cos\varepsilon & \sin\varepsilon \\ -\sin i & -\cos i \sin\varepsilon & \cos i \cos\varepsilon \end{bmatrix} \begin{bmatrix} D \\ S \\ V \end{bmatrix} \tag{4-46}$$

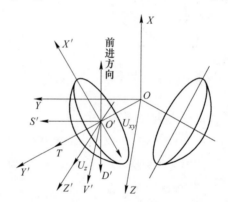

图 4-18　圆盘受力情况

结合挖掘圆盘的制作工艺和结构尺寸，确定平均后隙角 α 为 78.5°，土壤内摩擦系数 φ 为 25°（一般为 15°~35°）。结合圆盘工作部件的辐板结构和土壤条件，忽略土壤与挖掘圆盘之间的黏附力，查找 Hettiaratchi 和 Reece 的相关图表，并选定参数 $\gamma_i = 0.01225\text{N/cm}^3$，$h = 20\text{cm}$，$C = 1.5$，$C_a = 0$，$\gamma_f = 0.00872\text{N/cm}^3$，$N_r = 1.8$，$N_c = 2.5$，$N_q = 3.3$，代入式（4-31）~式（4-35）求得圆盘挖掘部件凹面的阻力。$P = 714\text{N}$，$H_P = 694\text{N}$，$D_P = 94\text{N}$，$S_P = 688\text{N}$，$V_P = 166\text{N}$。在圆盘工作部件的实际工作过程中，圆盘背面压土量较少，地面均匀载荷和土壤的重量甚微，则圆盘的最大铅垂力可由式（4-37）简化为：

$$q' = CN'_c + qN'_q + \frac{1}{2}\gamma_i bN'_r \approx CN'_c \tag{4-47}$$

将 $C = 1.5$，$N'_c = 20.7$ 代入式（4-47）和式（4-39）~式（4-42），求得挖掘

圆盘相应的铅垂承载 $V_s = 2128N$，$H_s = 2873N$，$D_s = 2550N$，$S_s = 1323N$。此数值与实际工作中的挖掘圆盘受力存在一定的差距。

综合以上分析，由圆盘的受力关系式（4-43），求得牵引阻力 $D = 2644N$，侧向力 $S = -635N$，铅垂反力 $V = 2294N$。由式（4-44）和式（4-45）求得 $U_{xy} = 2706N$，$T = -271N$，$U_z = 2294N$，力矩 $M = 65.04N \cdot m$。

4.5　挖掘装置的有限元分析

圆盘挖掘装置为被动工作圆盘，主要依靠机具的压力入土，承载着较大的载荷。其结构和参数决定了挖掘装置的工作稳定性和性能。ANSYS 有限元软件是美国 ANSYS 公司开发的融合了结构、流体和电场等研究于一体的分析软件，具有前处理模块、分析计算模块和后处理模块，可以完成现有结构评估和实效分析，实现产品的设计与开发，降低产品开发成本。ANSYS Workbench 是 ANSYS 的协同仿真环境的平台，主要包括 Design Modeler、Design Simulation、Design Xplorer 和 FE Modeler 模块，可将 ANSYS 产品充分的融合到仿真平台，实现数据的无缝传递和共享，有效提高仿真的效率和仿真模拟的通用性和精确性。利用 ANSYS Workbench 软件对挖掘装置进行静力学分析，可得到机构的等效应力和变形云图，预测易发生破坏的位置，为挖掘系统的研发和设计提供必要参考。

采用 SolidWorks 建立挖掘圆盘三维模型，生成 " ∗.x_t" 文件，并借助 SolidWorks 与 ANSYS Workbench 无缝连接端口完成模型的导入。在 Model 里进行挖掘装置材料赋予和网格的划分，材料属性见表 4-2。因挖掘装置由简单结构的零件装配而成，且存在较多的接触，采用 Tetrahedrons 四面体单元主导的网格自由划分单元质量（Skewness）。设置划分的相关性（Relevance）为 100，四面体单元主导的网格自由划分节点数为 604039，单元数为 316873，网格划分的结果如图 4-19 所示。通过 Supports→Fixed Support 把挖掘装置的安装座固定，将挖掘圆盘受力载入，并作用于挖掘圆盘上，得到挖掘装置总形变和等效应力情况。其三维模型载荷施加如图 4-20 所示，挖掘圆盘等效应力和总形变云图如图 4-21 和图 4-22 所示。

表 4-2　材料的属性

材料参数	密度/g·cm^{-3}	弹性模量/GPa	泊松比
45 钢	7.850	210	0.269
Q235	7.850	196	0.300
40Mn	7.200	209	0.280

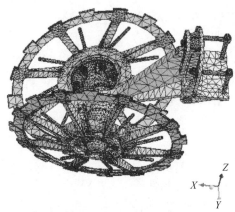

图 4-19 挖掘装置网格划分

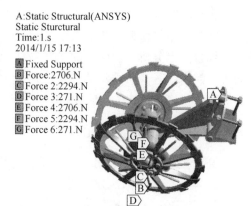

图 4-20 挖掘圆盘载荷施加

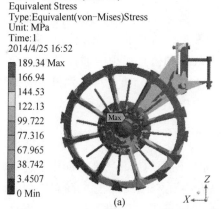

(a)

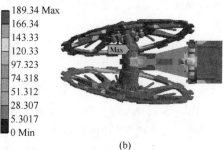

(b)

图 4-21 挖掘装置等效应力云图

（a）主视图；（b）俯视图

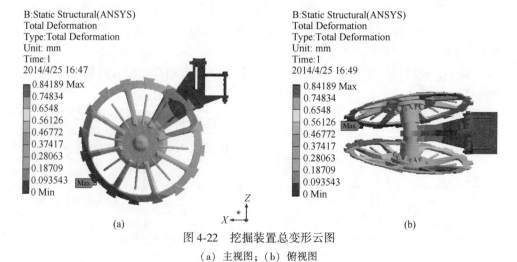

图 4-22 挖掘装置总变形云图

（a）主视图；（b）俯视图

从挖掘装置的静力分析的等效应力和总变形云图中可知，挖掘装置的应力分布较分散，挖掘圆盘、圆盘轴臂架和调整垫片处均有应力集中；最大应力点出现在轮毂和起拔轮轴的轴承上，等效应力最大值为 189.34MPa，且小于轴承材料的屈服强度 500MPa，满足强度需求；挖掘装置的位移变形与挖掘装置的固定安装位置有关，且随着其与固定点距离的增大而逐渐增大；最大变形位移发生在挖掘圆盘的边缘，且最大变形值为 0.84189mm，相比圆盘尺寸较小，不会产生机构运动干涉，可以满足挖掘装置工作要求。为了减少加工及安装带来的累计误差影响，分别对挖掘圆盘和圆盘轴臂架进一步分析。

4.5.1 挖掘圆盘的静力分析

将 SolidWorks 建立的挖掘圆盘三维模型按照实际空间工作位置导入。采用四面体单元进行网格划分，精度定义为 100，节点数为 75660，单元数为 44654。三维模型载荷添加及划分网格如图 4-23 和图 4-24 所示，挖掘圆盘等效应力和总形变云图如图 4-25 和图 4-26 所示。

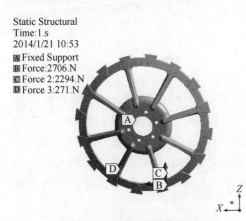

Static Structural
Time:1.s
2014/1/21 10:53
Ⓐ Fixed Support
Ⓑ Force:2706.N
Ⓒ Force 2:2294.N
Ⓓ Force 3:271.N

图 4-23　挖掘圆盘载荷施加

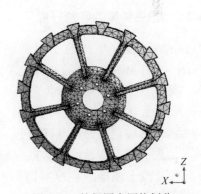

图 4-24　挖掘圆盘网格划分

由图 4-25 可知，挖掘圆盘的应力集中点较多，且较为分散。挖掘圆盘的轮辐与圆盘内圈、外圈的连接处呈红色或黄色，有应力集中；挖掘圆盘的最大等效应力为 51.721MPa，略大于整体分析时为 50.594MPa，且小于 40Mn 材料的屈服强度 355MPa，可以满足零件的强度要求；圆盘轮辐及连接螺孔位置应力相对集中，呈浅蓝色。因此，要适当增大轮辐应力集中部位尺寸，采用回火等工艺减少挖掘圆盘在铸造、加工过程中的应力集中，提高挖掘部件的强度。这一结论与实际工作中出现的挖掘圆盘的崩盘及断裂现象吻合。由图 4-26 可知，圆盘的最大形变为 0.17442mm，小于整体分析结果 0.89392mm，且发生在圆盘与土壤接触的受力位置。此数值相对于整个挖掘圆盘尺寸来说较小，不会影响工作部件的运行轨迹及挖掘装置的工作性能，也不足以引起机构间的干涉，可忽略不计。总之，挖掘圆盘结构的设计满足作业要求。

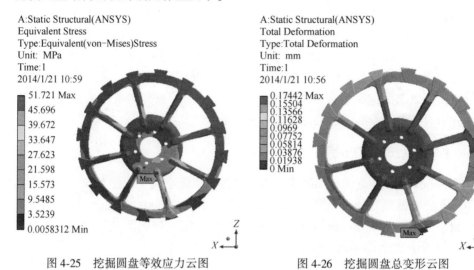

图 4-25　挖掘圆盘等效应力云图　　　　　　图 4-26　挖掘圆盘总变形云图

4.5.2　圆盘轴臂架的静力分析

将 SolidWorks 生成的挖掘圆盘轴臂架的三维模型通过 generate 界面导入 ANSYS Workbench。在 Engineering Data 里设置材料属性，见表 4-2。设置四面体单元主导的网格自由划分单元划分的相关性（Relevance）为 100，节点数为 254577，单元数为 145899，网格划分的结果如图 4-27 所示。将作用于挖掘圆盘上的力等效转移到挖掘圆盘臂轴上，并添加载荷，得到挖掘圆盘轴臂架的应力和总变形云图。挖掘圆盘轴臂架载荷施加如图 4-28 所示。挖掘圆盘轴臂架的等效应力和总形变云图如图 4-29 和图 4-30 所示。

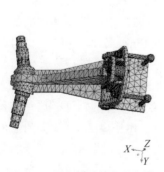

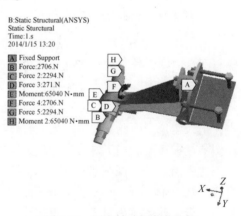

图 4-27　圆盘轴臂架网格划分　　　　　图 4-28　圆盘轴臂架载荷施加

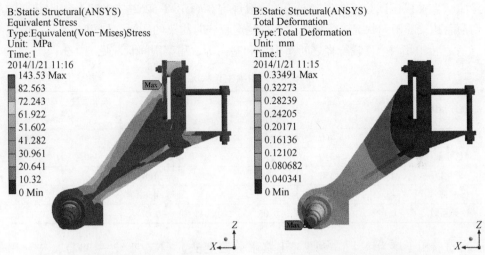

图 4-29   圆盘轴臂架等效应力云图   图 4-30   圆盘轴臂架变形云图

由等效应力和总变形云图可知，挖掘装置的调整垫块应力点相对集中，圆盘轴臂架的应力分布面分散，与先前做挖掘收获装置整体分析时的应力分布相似；调整垫块和圆盘轴臂架上的最大等效应力分别为 121.96MPa 和 143.53MPa，且都远小于 45 钢屈服强度 355MPa 和 Q235 屈服极限，满足强度需求。圆盘轴臂架的位移变形同样与挖掘装置的固定安装位置有关，且随着其与固定点距离的增大而逐渐增大；最大变形位移发生在挖掘圆盘轴的边缘，且最大变形值为 0.33491mm，不影响轴承安装及圆盘的旋转工作，满足挖掘装置工作要求。

4.6 挖掘装置的单因素试验研究

4.6.1 试验目的

根据挖掘装置的结构及工作原理，可知挖掘圆盘的张角 ε、偏离角 i、作业深度 H 对挖掘装置的工作性能影响较大。为了深入了解圆盘关键参数对工作性能的影响规律，对关键参数进行单因素试验，探究圆盘部件各个参数的变化范围及其与性能指标之间的因果关系。

（1）结合挖掘装置的作业效果，检验挖掘装置的关键参数的适用范围。

（2）探索各个关键参数对性能指标的影响，为优选及确定挖掘装置参数提供依据。

（3）检验挖掘装置的协调运转情况及变形强度，发现设计存在的问题。

4.6.2 试验对象及条件

选用河北省张家口市张北县小二台双行甜菜试验田的 "KWS3148" 移栽甜菜。

参照《农业机械试验条件测定方法的一般规定》（GB/T 5262—2008），对收获期的切顶后甜菜的田间状况进行抽样调查，测定收获时甜菜的行距、株距、垄宽、衔接行垄距（相邻两个移栽行程之间垄距）和垄高等。甜菜田间状况见表4-3。

表 4-3　甜菜生长状况

统计指标	行距 /mm	株距 /mm	垄宽 /mm	衔接行垄距 /mm	垄高 /mm	块根重量 /g	块根长度 /mm
最大值	610	400	340	680	110	1950	260
最小值	570	310	290	550	95	750	150
平均值	600	350	318	635	108	1310	192
标准偏差	13.1	24.7	16.1	51	4.8	295	19.4
变异系数	0.02	0.13	0.05	0.04	0.02	0.21	0.11

试验田土壤为壤土。参照《土壤水分测定法》（NY/T 52—1987），并利用DHG-9123A 型电热恒温鼓风干燥箱、取土环刀、TJSD-750Ⅱ型土壤紧实度仪等工具，测得土壤含水率为 10.36%，容重为 2.06g/cm³，土壤平均硬度为2124MPa。试验配套动力为东方红 40 马力拖拉机，作业速度为Ⅱ挡。

4.6.3　试验设备

试验设备包括甜菜联合收获机、不同参数尺寸的挖掘零部件、YB 电子天平、杆秤、卷尺等。各个挖掘零部件如图 4-31 所示。

图 4-31　不同张角的挖掘零部件

4.6.4　试验方法及试验指标

依据《甜菜收获机械试验方法》（JB/T 6276—2007）和《甜菜收获机作业质量》（NY/T 1412—2007），选取甜菜块根的黏土率、折断率、损伤率作为挖掘装置的性能评价指标。通过采用不同的调节垫块，改变偏离角 i。加工不同的轴臂架，完成张角 ε 的参数改变。在工作参数一定的条件下，按照试验方案，沿收获装置前进方向选取长度 20m、宽度为一个作业幅宽的面积作为检测的取样单元，分别测得相应数据，求得试验指标。

（1）块根黏土率。在测定区内，称出机具挖掘收获到的甜菜块根质量，清理块根上黏附的土壤并称出泥土质量，按照公式计算块根黏土率。

$$G_n = \frac{G_{nt}}{G_{ng}} \times 100\%$$

式中　G_n——块根黏土率，%；

G_{nt}——泥土质量，kg；

G_{ng}——黏土块根质量，kg。

（2）块根折断率。在测定区内，将机具挖掘收获到的块根除去杂质（块根表面和群体中含有的土、砂、石、草、其他作物的茎叶、甜菜叶、未按标准修削的青头、不足1cm粗的尾根、叉根，以及100g以下的小块根等），称出块根净质量，再从块根中选出折断的块根称出质量，按照公式计算块根的折断率。

$$G_d = \frac{G_{ds}}{G_{zz}} \times 100\%$$

式中　G_d——块根折断率，%；

G_{ds}——折断的块根质量，kg；

G_{zz}——块根净质量，kg。

（3）块根损伤率。在测定区内，将机具挖掘收获到的块根除去杂质（块根表面和群体中含有的土、砂、石、草、其他作物的茎叶、甜菜叶、未按标准修削的青头、不足1cm粗的尾根、叉根以及100g以下的小块根等），称出块根净质量，再从块根中选出损伤的块根称出块根质量，按照公式计算块根的损伤率。

$$G_s = \frac{G_{sz}}{G_{zz}} \times 100\%$$

式中　G_s——块根损伤率，%；

G_{sz}——损伤的块根质量，kg。

4.6.5 试验因素及水平

选择挖掘圆盘的张角 ε、偏离角 i、作业深度 H 为试验因素，在保证挖掘装置正常工作的情况下，初步选定各因素的范围，确定各因素水平及取值，见表4-4。

表4-4　因素及水平

因素	试 验 水 平				备　注
	1	2	3	4	
$\varepsilon/(°)$	13	15	17	19	$i=30°$，$H=80mm$
$i/(°)$	25	30	35	40	$\varepsilon=17°$，$H=80mm$
H/mm	60	80	100	120	$i=30°$，$\varepsilon=17°$

4.6.6　试验结果及分析

依据试验因素及水平表，进行单因素挖掘装置性能试验，试验结果如图 4-32 所示。由单因素试验结果可以看出，挖掘圆盘的张角、偏离角、作业深度分别对块根黏土率和块根折断率的影响较大；对块根损伤率的影响相对较小。在其他参数一定的条件下，块根的黏土率分别随着张角的增大而增大，随着偏离角的增大先增大后减小，随着作业深度的增加先减小后增加；块根的折断率分别随着张角的增大而增大，随着偏离角的增大先减小后增大，随着作业深度的增大而减小后增大；块根的损伤率分别随着张角、偏离角和作业深度的增加而减小。

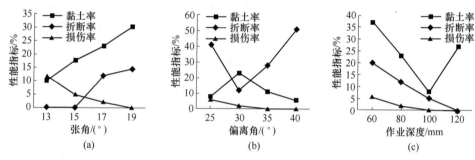

图 4-32　试验因素对指标影响

（a）张角与性能指标关系；（b）偏离角与性能指标关系；（c）作业深度与性能指标关系

由图 4-32（a）可知，在工作参数一定的条件下，随着张角的增大，块根的黏土率和折断率逐渐增大，损伤率逐渐减小。这是因为，当两个挖掘圆盘的开度增大时，土垡受到的前进方向的推力增大，土壤被提升的效果减弱，土壤间的挤压作用和侧压力减小，使得块根的黏土率和折断率增大；同时随着张角的增大，圆盘入土线的夹角的增大，使得块根挖掘的作用空间增大，相对减少了块根的损伤，致使损伤率逐渐减小。

由图 4-32（b）可知，在工作参数一定的条件下，随着偏离角的增大，块根的黏土率先增大后减小，折断率先减小后增大，损伤率逐渐减小。这是因为，偏离角的改变，调整了圆盘刃口最小距离点的位置，决定了土垡、块根的受力方向和挖掘、提升的空间，影响土壤松碎的情况及挖掘收获效果。当偏离角较小时，两个圆盘刃口最小距离点较低，在根部土壤未被充分松动的情况，甜菜被夹持带起，引起块根的折断率较高；随着偏离角的增大，两个圆盘刃口最小距离点后移、升高，土垡受到的推力逐渐增大，土壤挤压、松碎的效果增强，块根折断率降低；但随着推力的逐渐增大，土壤被提升的效果减弱，使得块根的折断率有所增加。引起黏土率变化的原因可能有两方面：一方面，随着偏离角的增大，土垡受到的挤压作用增强，当超过土壤的黏结力时，土壤发生变形、松碎，块根的黏土率减小；另一方面，受块根尾根折断的影响，块根的整体的黏土量减少，使得块根的黏土率变小。此外，当偏离角增大时，两条入土线间距增大，扩充了块根挖掘的作用空间，使得块根的损伤减少。但因偏离角的变化对入土线间距影响不大，所以损伤率变化不大。

由图 4-32（c）可知，在工作参数一定的条件下，随着作业深度的增大，块根的黏土率先减小后增大，折断率和损伤率逐渐减小。其原因与挖掘圆盘在土壤中的位置有着较大的联系。当作业深度较浅时，甜菜尾根部土壤没有被松动，尾根部容易被折断，土垡松碎的效果不好，块根的黏土率高，折断率高；随着作业深度的增加，挖掘圆盘的挖掘量逐渐增大，甜菜尾根部土壤的松碎的效果提高，则块根的黏土率和折断率逐渐减小，但随着作业深度的继续增加，土壤松碎的效果减弱，使得黏土率增大。同时，当作业深度增大时，两条入土线间距增大，块根挖掘的作用空间增大，使得块根的损伤率逐渐减小。

由此可见，在挖掘圆盘对含有块根的土垡进行切割、挖掘和提升的过程中，挖掘装置的结构和工作机理决定了土壤与挖掘圆盘、甜菜块根之间产生复杂的作用关系。挖掘装置的性能主要由挖掘圆盘装置的工作参数和结构参数决定，与土壤、甜菜的受力及圆盘在土壤中的工作位置有关。土壤的状况（如土壤的强度、土壤的含水率、土壤的黏结力、土壤的容重、土壤的黏附力等）决定了土壤之间的作用力，影响土壤松碎的效果和挖掘装置的机械性能。挖掘装置的工作机理决定了土垡受到挖掘圆盘垂直向上的提升力、与机器前进方向垂直的侧压力和机器前进方向的推力。其中，提升力和侧压力有利于土壤的破坏和块根的拔出，推力过大会造成挖掘部件的壅堵和块根的折断，影响挖掘收获的效果。一方面，当土壤受到挖掘部件的挤压力超过土壤的黏结力时，土壤发生变形和松碎，可以减少块根的黏土率；另一方面，当土壤给予甜菜块根在前进方向的推力足够大时，可引起块根的折断。同时，挖掘圆盘的结构参数相互制约。挖掘圆盘两个入土线的最大距离由挖掘圆盘的张角、偏离角和作业深度共同控制，决定着甜菜块根的挖掘空间，会影响甜菜的损伤率。因此，试验因素张角、偏离角和作业深度决定了挖掘部件的工作状态及其在土壤中的位置，分别对挖掘装置的黏土率、折断率和损伤率产生一定的交互作用，需要进一步研究。同时，在甜菜收获机的收获指标中，甜菜的折断率和损伤率是主要的收获评价指标。结合单因素试验的结果，初步确定张角、偏离角和作业深度的范围分别为 15°~19°、25°~35° 和 60~120mm，为后期正交试验的开展提供依据。

4.7 挖掘装置的参数优选正交试验研究

4.7.1 试验目的

在单因素试验的基础上，采用正交试验，探索挖掘圆盘的张角、偏离角、作业深度对挖掘装置工作性能的影响规律，优选试验参数最佳组合，并分析张角、偏离角、作业深度对试验指标影响的显著性及主次关系。

4.7.2   试验对象及条件

选用河北省张家口市张北县小二台的双行甜菜试验田中"KWS3148"移栽甜菜进行挖掘装置收获试验。依据《农业机械试验条件测定方法的一般规定》（GB/T 5262—2008）和《土壤水分测定法》（NY/T 52—1987），对收获期的甜菜田间种植状况进行调查，并利用 TJSD-750 Ⅱ 型土壤紧实度仪测得土壤状况。甜菜的平均行距为 600mm，株距为 260mm，垄宽为 320mm，衔接行垄距（相邻两个移栽行程之间垄距）为 650mm，垄高为 110mm；甜菜块根位于地表以下 140mm 之内，重量为 2100g，块根长度为 185mm；土壤硬度为 1890MPa，土壤含水率为 9.8%，容重为 2.21g/cm^3。

4.7.3   试验设备

试验设备同 4.6.3 节。

4.7.4   试验方法及试验指标

试验方法及试验指标同 4.6.4 节。

4.7.5   试验因素及水平设计

在单因素试验的基础上，选定圆盘张角 ε、偏离角 i、作业深度 h 为试验因素，甜菜块根的黏土率、折断率、损伤率为试验指标进行三因素三水平正交试验。试验因素与水平设计见表 4-5。

表 4-5   因素水平及代码表

因素	编码	试 验 水 平		
		1	2	3
$\varepsilon/(°)$	A	15	17	19
$i/(°)$	B	25	30	35
h/mm	C	60	90	120

4.7.6   试验方案及结果

在保证挖掘装置正常工作的情况下，选择 $L_{27}(3^{13})$ 正交表，考虑因素之间的所有的一级交互作用，测定甜菜块根的黏土率、折断率和损伤率。采用正交试验和方差分析探寻因素与指标之间的关系，并找出较好的试验参数组合。试验方案及结果见表4-6。

表4-6 试验方案及结果

序号	A	B	$(A×B)_1$	$(A×B)_2$	C	$(A×C)_1$	$(A×C)_2$	$(B×C)_1$	$(B×C)_2$	试验指标		
										黏土率	折断率	损伤率
1	1	1	1	1	1	1	1	1	1	26.0	11.0	4.0
2	1	1	1	1	2	2	2	2	2	12.6	0.0	2.1
3	1	1	1	1	3	3	3	3	3	16.0	0.0	0.0
4	1	2	2	2	1	1	1	2	3	9.0	36.2	0.0
5	1	2	2	2	2	2	2	3	1	16.7	0.0	0.0
6	1	2	2	2	3	3	3	1	2	12.0	0.0	0.0
7	1	3	3	3	1	1	1	3	2	10.0	34.0	0.0
8	1	3	3	3	2	2	2	1	3	2.7	9.8	6.3
9	1	3	3	3	3	3	3	2	1	30.0	0.0	0.0
10	2	1	2	3	1	2	3	1	1	21.0	9.0	3.4
11	2	1	2	3	2	3	1	2	2	7.9	50.0	0.0
12	2	1	2	3	3	1	2	3	3	49.0	4.0	0.0
13	2	2	3	1	1	2	3	2	3	36.1	20.0	3.0
14	2	2	3	1	2	3	1	3	1	18.2	14.2	4.7
15	2	2	3	1	3	1	2	1	2	24.5	9.0	0.0
16	2	3	1	2	1	2	3	3	2	12.5	33.3	22.2
17	2	3	1	2	2	3	1	1	3	16.0	20.0	0.0
18	2	3	1	2	3	1	2	2	1	23.3	0.0	0.0
19	3	1	3	2	1	3	2	1	3	30.0	15.0	0.0
20	3	1	3	2	2	1	3	2	2	18.7	18.0	0.0
21	3	1	3	2	3	2	1	3	3	41.0	0.0	0.0
22	3	2	1	3	1	3	2	2	3	18.9	0.0	0.0
23	3	2	1	3	2	1	3	3	1	31.5	10.5	0.0
24	3	2	1	3	3	2	1	1	2	36.0	0.0	0.0
25	3	3	2	1	1	3	2	3	2	9.1	6.6	0.0
26	3	3	2	1	2	1	3	1	3	6.3	18.3	0.0
27	3	3	2	1	3	2	1	2	1	27.8	5.3	0.0

4.7.7　因素与试验指标效应关系

　　根据试验方案和试验结果，对各指标分别进行直观分析，得到试验指标的较优水平、主次因素和较优组合，见表 4-7。各个因素对黏土率、折断率和损伤率三个指标的影响程度如图 4-33 所示。由表 4-7 和图 4-33 可以看出，对于不同的指标而言，不同因素的影响程度是不同的，无法将各个因素对 3 个指标影响的重要性的主次顺序统一起来。因此，需要采用正交试验的方差分析和多指标的综合评分法进一步分析。

表 4-7　试验数据直观分析结果

项　目		A	B	$(A×B)_1$	$(A×B)_2$	C	$(A×C)_1$	$(A×C)_2$	$(B×C)_1$	$(B×C)_2$
黏土率	K_{1j}	135	222.2	192.8	178.6	172.6	200.3	191.9	176.5	224.5
	K_{2j}	208.5	202.9	160.8	179.2	132.6	206.4	186.8	184.3	143.3
	K_{3j}	221.3	139.7	211.2	207	259.6	158.1	186.1	204	197
	R	86.3	82.5	50.4	28.4	127	48.3	5.8	27.5	81.2
	较优水平					$A_1B_3C_2$				
	主次因素					$C>A>B$				
	较优组合					$C_2A_1B_3$				
折断率	K_{1j}	91	107	74.8	84.4	165.1	141	170.7	92.1	65
	K_{2j}	159.5	89.9	129.4	122.5	140.8	77.4	44.4	129.5	150.9
	K_{3j}	73.7	127.3	120	117.3	18.3	105.8	109.1	102.6	108.3
	R	85.8	37.4	54.6	38.1	146.8	63.6	126.3	37.4	85.9
	较优水平					$A_3B_2C_3$				
	主次因素					$C>A>B$				
	较优组合					$C_3A_3B_2$				
损伤率	K_{1j}	12.4	9.5	28.3	13.8	32.6	4	8.7	13.7	12.1
	K_{2j}	33.3	7.7	3.4	22.2	13.1	37	8.4	5.1	24.3
	K_{3j}	0	28.5	14	9.7	0	4.7	28.6	26.9	9.3
	R	33.3	20.8	24.9	12.5	32.6	33	20.2	21.8	15
	较优水平					$A_3B_2C_3$				
	主次因素					$A>C>B$				
	较优组合					$A_3C_3B_2$				

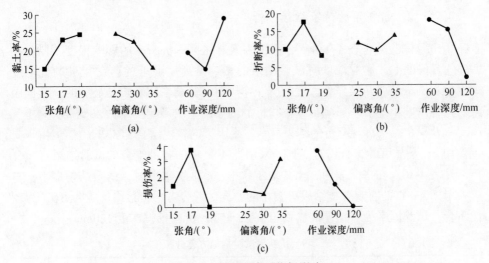

图 4-33 试验因素对指标影响

(a) 因素对黏土率的影响；(b) 因素对折断率的影响；(c) 因素对损伤率的影响

4.7.8 试验因素的方差分析及较优组合

4.7.8.1 黏土率的试验指标分析

由方差试验分析表 4-8 可得，三个因素对甜菜的黏土率的影响程度不同。在 99% 的置信度下，作业深度对试验结果的影响是显著的，其他因素不显著。影响黏土率指标的因素的主次影响排序为 $C>A>B>BC>AB>AC$，三个因素的较优组合为 $A_1B_3C_2$。试验因素为：挖掘圆盘张角 15°，偏离角 35°，作业深度 90mm。

表 4-8 黏土率试验指标方差分析

方差来源	离差平方和	自由度	平均离差平方和	F 值	显著性
A	482.0	2	241.0	3.43	
B	413.8	2	206.9	2.94	
AB	203.1	4	50.8		
C	937.0	2	468.5	6.66	
AC	156.0	4	39.0		＊＊
BC	423.7	4	105.9	1.51	
e	766.7	8	95.8		
e^Δ	1125.7	16	70.4		

注：$F_{0.05}(2, 16) = 3.63$，$F_{0.01}(2.16) = 6.23$，$F_{0.05}(4, 16) = 3.01$，$F_{0.01}(4, 16) = 4.77$。

4.7.8.2　折断率的试验指标分析

由方差试验分析表 4-9 可得，三个因素对甜菜的折断率的影响程度不同。在 99% 的置信度下，作业深度对试验结果的影响是高度显著的；在 95% 的置信度下，挖掘圆盘的张角及作业深度的交互作用对试验结果的影响是显著的；其他因素对指标影响不显著。影响折断率指标的因素的主次影响排序为 $C > AC > A > BC > AB > B$。从直观分析的结果显示三个因素的较优组合为 $A_3B_2C_3$。但由于交互作用 AC 是显著的，且占有 2 列，采用把 A 和 C 的各种组合的试验结果对照分析，见表 4-10。在搭配表中，当 A 取 1 水平、C 取 3 水平时，试验结果最小，与单独考虑 A、C 的直观分析结果有较小的差异。综合考虑，最终确定 $A_3B_2C_3$ 为较优组合。试验因素为：挖掘圆盘张角 19°，转角 30°，挖掘深度 120mm。

表 4-9　折断率试验指标方差分析

方差来源	离差平方和	自由度	平均离差平方和	F 值	显著性
A	457.5	2	228.76	2.653	
B	77.9	2	38.95		
AB	284.2	4	71.05		
C	1375.8	2	687.91	7.979	＊＊
AC	1112.0	4	277.99	3.224	＊
BC	492.6	4	123.16	1.428	
e	845.0	8	105.62		
e^{Δ}	1207.1	14	86.22		

注：$F_{0.05}(2, 14) = 3.74$，$F_{0.01}(2, 14) = 6.51$，$F_{0.05}(4, 14) = 3.11$，$F_{0.01}(4, 14) = 5.04$。

表 4-10　A 和 C 的搭配

A	C		
	1	2	3
1	81.2	9.8	0
2	62.3	84.2	13
3	21.6	46.8	5.3

4.7.8.3　损伤率的试验指标分析

由方差试验分析表 4-11 可得，因素对甜菜的损伤率的影响程度不同，但对试验结果的影响都不显著。影响损伤率指标的因素的主次影响排序为 $A>C>AC>$

$B>AB>BC$，三个因素的较优组合为 $A_3B_2C_3$。试验因素为：挖掘圆盘张角 19°，转角 30°，挖掘深度 120mm。

表 4-11 损伤率试验指标方差分析

方差来源	离差平方和	自由度	平均离差平方和	F 值	显著性
A	62.9	2	31.47	1.976	
B	29.5	2	14.76		
AB	43.7	4	10.93		
C	59.8	2	29.90	1.877	
AC	108.8	4	27.19	1.707	
BC	40.9	4	10.23		
e	172.6	8	21.57		
e^{Δ}	286.7	18	15.93		

注：$F_{0.05}(2, 18) = 3.55$，$F_{0.01}(2, 16) = 6.01$，$F_{0.05}(4, 18) = 2.93$，$F_{0.01}(4, 18) = 4.58$。

4.7.9 试验因素最优组合的确定

从以上 3 个指标黏土率（较优水平 $A_1B_3C_2$）、折断率（较优水平 $A_3B_2C_3$）、损伤率（较优水平 $A_3B_2C_3$）的较优组合分析来看，各评价指标的最优试验方案及因素水平存在一定矛盾。为了兼顾各个试验指标，找出尽可能好的试验方案，采用综合加权评分法进行分析，以选出较优的因素水平组合。结合方差分析中试验因素对试验指标的影响程度和各个试验指标的重要性，以 100 分作为总"权"，设定总黏土率为 30 分，折断率为 60 分，损伤率为 10 分，则加权综合评分指 Y_i 的计算公式为：

$$Y_i = b_{i1}Y_{i1} + b_{i2}Y_{i2} + \cdots + b_{ij}Y_{ij}$$

式中　　b_{ij}——权因子系数，表示各项指标在综合加权评分中应占的权重；

Y_{ij}——考察指标；

i——表示第 i 号试验；

j——表示第 j 考察指标。

加权评分指标结果及试验分析见表 4-12。

表 4-12 综合评分指标试验方案及结果

序号	A	B	$(A×B)_1$	$(A×B)_2$	C	$(A×C)_1$	$(A×C)_2$	$(B×C)_1$	$(B×C)_2$	综合评分 Y_{ij}
1	1	1	1	1	1	1	1	1	1	14.40
2	1	1	1	1	2	2	2	2	2	3.99
3	1	1	1	1	3	3	3	3	3	4.80
4	1	2	2	2	1	1	1	2	3	24.42

序号	A	B	$(A×B)_1$	$(A×B)_2$	C	$(A×C)_1$	$(A×C)_2$	$(B×C)_1$	$(B×C)_2$	综合评分 Y_{ij}
5	1	2	2	2	2	2	2	3	1	5.01
6	1	2	2	2	3	3	3	1	2	3.60
7	1	3	3	3	1	1	1	3	2	23.40
8	1	3	3	3	2	2	2	1	3	7.44
9	1	3	3	3	3	3	3	2	1	9.00
10	2	1	2	3	1	2	3	1	1	12.04
11	2	1	2	3	2	3	1	2	2	32.37
12	2	1	2	3	3	1	2	3	3	17.10
13	2	2	3	1	1	2	3	2	3	23.13
14	2	2	3	1	2	3	1	3	1	14.45
15	2	2	3	1	3	1	2	1	2	12.75
16	2	3	1	2	1	2	3	3	3	25.95
17	2	3	1	2	2	3	1	1	1	16.80
18	2	3	1	2	3	1	2	2	1	6.99
19	3	1	3	2	1	3	2	1	1	18.00
20	3	1	3	2	2	1	3	2	2	16.41
21	3	1	3	2	3	2	1	3	3	12.30
22	3	2	1	3	1	3	2	2	3	5.67
23	3	2	1	3	2	1	3	3	1	15.75
24	3	2	1	3	3	2	1	1	2	10.80
25	3	3	2	1	1	3	2	3	2	6.69
26	3	3	2	1	2	1	3	1	3	12.87
27	3	3	2	1	3	2	1	2	1	11.52

　　根据试验方案和试验结果，对各指标分别进行直观分析，得到试验综合指标的较优水平、主次因素和较优组合，见表 4-13。通过方差分析表 4-14 可知，各因素对甜菜的综合评定指标的影响程度不同。在 95% 的置信度下，挖掘圆盘的张角、作业深度和张角与作业深度的一次交互作用对试验结果的影响是显著的；其他因素对综合评价指标影响不显著。因素的主次影响排序为 $A > C > AC > AB > AC > B$。由于交互作用 AC 是显著的，且占有 2 列，采用把 A 和 C 的各种组合的试验结果对照分析，结果见表 4-15。因 A_1C_2 与 A_1C_3 的试验结果相当，结合直观

分析中单独考虑 A 和 C 的试验结果，最终确定 $A_1B_2C_3$ 为较优组合。试验因素为：挖掘圆盘张角 15°，转角 30°，挖掘深度 120mm。筛选的最优方案 $A_1B_2C_3$ 为试验方案中的 6 号试验，其试验指标黏土率为 12%，折断率为 0，损伤率为 0，加权综合指标为 3.6%，效果相对较好，可以满足收获要求。由此，可求得挖掘装置的倾角为 13.06°，偏角为 7.63°。

表 4-13 试验数据直观分析结果

序号	A	B	$(A\times B)_1$	$(A\times B)_2$	C	$(A\times C)_1$	$(A\times C)_2$	$(B\times C)_1$	$(B\times C)_2$
K_1	96.06	131.40	105.15	104.60	153.70	144.10	160.46	108.70	107.20
K_2	161.60	115.60	125.62	129.48	125.10	112.20	83.64	133.50	136.00
K_3	110.00	120.70	136.88	133.57	88.86	111.40	123.55	125.45	124.50
k_1	10.67	14.60	11.68	11.62	17.08	16.01	17.83	12.08	11.91
k_2	17.96	12.84	13.96	14.39	13.90	12.47	9.29	14.83	15.11
k_3	12.22	13.41	15.21	14.84	9.87	12.38	13.73	13.94	13.83
R	7.28	1.76	3.53	3.22	7.20	3.63	8.54	2.76	3.20
较优水平	A_1	B_2			C_3				
主次因素					$A > C > B$				
较优组合					$A_1C_3B_2$				

表 4-14 综合评分指标方差分析

方差来源	离差平方和	自由度	平均离差平方和	F 值	显著性
A	264.7	2	132.35	4.459	*
B	14.5	2	7.26	0.245	
AB	112.1	4	28.03	0.944	
C	234.6	2	117.32	3.952	*
AC	405.4	4	101.35	3.414	*
BC	82.3	4	20.58	0.693	
e	325.4	8	40.67		
e^Δ	534.3	18	29.68		

注：$F_{0.05}(2, 18) = 3.55$，$F_{0.01}(2, 18) = 6.01$，$F_{0.05}(4, 18) = 2.93$，$F_{0.01}(4, 18) = 4.58$。

表 4-15 A 和 C 的搭配表

A	C		
	-1	0	1
-1	62.22	16.44	17.4
0	61.12	63.62	36.84
1	30.36	45.03	34.62

4.8 本章小结

（1）通过对国内外挖掘收获装备的调研和现有挖掘器的效果进行分析，提出了圆盘式挖掘装置的具体结构。从圆盘挖掘装置的关键结构参数入手，得到了挖掘圆盘倾角 β 、偏角 γ 、张角 ε 、偏离角 i 等各个参数的关系。结合挖掘圆盘的结构特点及几何特征，初步确定了挖掘装置的结构参数：倾角 $\beta = 13.3°$ ，偏角 $\gamma = 7.8°$ ，挖掘圆盘直径 $D = 680mm$ ，圆盘张角 $\varepsilon = 15.25°$ ，挖掘圆盘曲率半径 $\rho = 1100mm$ ，并得到了挖掘圆盘的运动轨迹和速度关系。

（2）借鉴现有的宽齿力学理论，在假设条件下建立了挖掘圆盘的力学模型，并初步得到挖掘装置的受力情况。挖掘圆盘的牵引阻力 D 为 2644N，侧向力 S 为 -635N，铅垂反力 V 为 2294N。借助 ANSYS 软件和理论力学模型，对挖掘装置进行静力学分析，分别得到挖掘装置主要部件的等效应力和变形云图，预测了易发生破坏的位置及强度变形，为挖掘系统的研发和设计提供了参考。挖掘装置各个零部件强度符合设计和材料要求。通过整体结构分析可知，挖掘装置的应力分布较分散，挖掘圆盘、圆盘轴臂架和调整垫片处均有应力集中；最大应力点出现在轮毂和起拔轮轴的轴承上，等效应力最大值为 189.34MPa，且小于轴承材料的屈服强度 500MPa，满足强度需求；挖掘装置的整体位移变形与挖掘装置的固定安装位置有关，且随着其与固定点距离的增大而逐渐增大；最大变形位移发生在挖掘圆盘的边缘，且最大变形值为 0.84189mm，可以满足挖掘装置工作要求。挖掘圆盘应力集中点较多且分散，最大等效应力为 51.721MPa。在铸造加工过程中，要增大轮辐应力集中部位尺寸，同时采用回火等工艺减少应力集中，提高圆盘部件的强度。调整垫块和圆盘轴臂架的应力分散，最大等效应力分别为 121.96MPa和 143.53MPa；圆盘轴臂架的最大变形位移发生在挖掘圆盘轴的边缘，且最大变形值为 0.33491mm，不影响轴承安装及圆盘的旋转工作，满足挖掘装置工作要求。

（3）采用单因素试验，分析关键参数（张角 ε 、偏离角 i 和作业深度 h ）的变化范围及其对挖掘装置工作性能的影响规律，检验挖掘装置的协调运转情况。由试验得，张角、偏离角、作业深度分别对块根的黏土率和折断率的影响较大，对损伤率的影响相对较小。在其他参数一定的条件下，块根的黏土率分别随着张角的增大而增大，随着偏离角的增大先增大后减小，随着作业深度的增加先减小后增加；块根的折断率分别随着张角的增大而增大，随着偏离角的增大先减小后增大，随着作业深度的增大先减小后增大；块根的损伤率分别随着张角、偏离角和作业深度的增加而减小。试验因素张角、偏离角和作业深度，决定了挖掘部件的状态及其在土壤中的位置，影响着挖掘装置的性能，且对试验指标的影响存在一定的交互作用，需要进一步的研究。由单因素试验初步确定张角、偏离角和作业深度的范围分别为 15°～19°、25°～35°和 60～120mm，为后期正交试验提供依据。

（4）在考虑因素一级交互作用的情况下，采用正交试验，探索张角、偏离角、作业深度对挖掘装置工作性能的影响规律，优选试验参数最佳组合，并分析张角、偏离角、作业深度对试验指标影响的显著性及主次关系。通过方差试验分析可知：在99%的置信度下，作业深度对黏土率的影响是显著的，其他因素不显著；影响黏土率指标的因素的主次影响排序为 $C > A > B > BC > AB > AC$，三个因素的较优组合为 $A_1B_3C_2$（圆盘张角为 15°、偏离角为 35°、作业深度为 90mm）。在99%的置信度下，作业深度对折断率的影响是高度显著的；在95%的置信度下，挖掘圆盘的张角及作业深度的交互作用对折断率的影响是显著的，其他因素对指标影响不显著；影响折断率指标的因素的主次影响排序为 $C > AC > A > BC > AB > B$，三个因素的较优组合为 $A_3B_2C_3$（圆盘张角为 19°、转角为 30°、挖掘深度为 120mm）。为了兼顾各个试验指标，采用综合加权评分法进行分析。在95%的置信度下，张角、作业深度、张角及作业深度的交互作用对综合指标的影响显著，其他因素对综合评价指标影响不显著；因素的主次影响排序为 $A > C > AC > AB > AC > B$；最后选出较优的因素组合为 $A_1B_2C_3$（圆盘张角为 15°、转角为 30°、挖掘深度为 120mm），其可以满足收获要求。

5　导向系统的设计及试验研究

导向系统是甜菜收获机械化的重要组成，可以减轻驾驶员在收获过程中的劳动强度，提高农业机具的作业精度，影响收获机械的整体收获质量。国外发达国家在自动导向方面的研究较早，成果较多。随着电子技术、液压技术、视觉传感及 GPS 导向技术的普及和推广，陆续出现了全球定位导向系统、视觉导向系统、机械式导向系统、超声波导向系统和激光导向系统等。各种导向技术被不断商品化，并在农业机械上得到了广泛应用。目前，我国对农业机械上的导向系统的研究还处于初级阶段，与发达国家相比还存在较大的距离。国外先进导向装置和技术的昂贵，限制了其在我国农业上的推广和应用。随着劳动力资源性的短缺和甜菜种植业的发展，立足我国国情，研发结构简单、价格低廉、性能稳定的导向系统将是国内研究人员的近期目标。借鉴国内外相关的导向系统，结合圆盘挖掘式收获方式，设计合理的导向系统是甜菜联合收获装备研制的重点之一，对提高农业自动化程度，减少农田作业的劳动力，保证作业精度与质量，降低作业成本具有重要的意义。

5.1　导向系统的设计依据

5.1.1　甜菜块根收获的地表特征

甜菜为单株块根类作物。其收获时间紧、任务重、劳动强度大。受我国动力配置等因素的影响，甜菜一般采用先切顶后挖掘的分段收获方式。根据工作环境选择合适的导向机构和技术是导向系统灵敏性和精确度的保障。甜菜块根收获作业的农田环境如图 5-1 所示，并具有以下特征。

（1）甜菜叶和青头已被去掉，块根与土壤颜色相近，不具备显著的色差。由于大量甜菜叶和杂草存在，块根轮廓边界特征不明显。

（2）受种植误差和块根生长大小的影响，块根切顶离土壤表面高度不一，离地高度为 30~85mm，平均约 50mm。

（3）块根均匀分布在种植行的附近。块根中心拟合线可近似为直线或曲率较小的曲线。由生长状况来看，甜菜块根可以作为一种导向信息。

图 5-1　收获农田环境

5.1.2　导向系统类型比较

导向系统主要由导向机构探测信号，通过对信号的处理或传递，控制拖拉机或机具的转向装置运动，以保障农机具的作业质量。目前，国内外农业机械的导向系统各具特色，多与全球定位技术、视觉图像技术、传感技术和液压技术相融合，一般采用朝向偏角（前进方向与期望路线的夹角）和偏移量（前进方向偏离所期望路线的位移量）作为导向参量来控制行驶方向。同时，在农机具作业路线的偏差不大时，通常对农机具的自动导向系统进行控制。因拖拉机自动导向系统很难实现拖拉机与机具的同步调整，一般只用于拖拉机行走路线的导向控制。

（1）基于全球定位技术的导向系统。全球定位导向系统主要利用高空中的 GPS 卫星，向地面发射 L 波段的载频无线电测距信号，由地面上用户接收机连续实时接收，并计算出接收机天线所在地位置，从而控制机车前进的方向。该导向系统常采用多个卫星定位，导向精度受时钟误差、大气误差和卫星定位误差的影响。斯坦福大学研究了用高精度实时动态差分 GPS 接收信号，控制 John Deere 7800 系列拖拉机的农田导航作业。伊利诺伊州立大学利用 5Hz 的 RTKGPS 作为 7720 型拖拉机的导向系统，使得车辆导航控制的侧向误差在 16cm 以内。德国 Hohenheim 大学采用两个 Trimble7400 型 RTK GPS 定位系统在饲料收割机上实现了自动导航。华南农业大学的张智刚提出了利用航向跟踪实现路径的控制方法。浙江大学的冯雷开发了基于 GPS 和传感器技术的农用车辆自动导航系统。这类导向系统定位都是根据拖拉机的空间相对位置来判断其工作状态，工作可靠、价格昂贵，适宜大面积地块的作业，一般用于拖拉机等机具的定轨迹的导向，对于农作物行间精确定位行走不太适用。

（2）基于图像视觉技术的导向系统。视觉导向技术主要用于存在显著颜色差别和形状特征的田间环境，利用摄像头采集图像，通过图像的信息处理器产生操纵信号，控制转向装置运动实现导向功能。Gerrish 基于 RGB 三原色分割法研究出一种采用视觉导向的草地拖拉机。瑞得使用贝叶斯分类器，借助视觉导向系统控制拖拉机沿种行行驶。Brandon 和 Searcy 建立了一个车辆控制系统，能操纵拖拉机顺利通过每行作物。卡内基-梅隆等利用彩色摄像机感知未割作物的边缘，实现对干草割捆机的导航。伊利诺伊州立大学的研究人员将机器视觉和传感器结合在一起，实现拖拉机对直行作物和弯行作物的跟踪导航。John Deere 技术中心研究了拖拉机等高地面的直线行驶和避障功能，实现了果园除草、果树检测等部分作业的智能化。西安交通大学的杨为民采用哈夫变换、动态窗口跟踪和图像抽点简化等图像处理算法，对边界类和团块类田间特征进行了导航研究。南京农业大学周俊对农用轮式移动机器人的视觉导航系统进行了研究。相对全球导向系统，这类导向系统开发成本低，灵活性、实时性和精度有较大提高，但需借助处理功能较强的 CPU 对图像实时跟踪和处理。同时，图像的采集容易受到光照条件的影响，对与土壤分界不明显的甜菜特征的分离和提取比较困难，不太适于甜菜块根作物的收获。

（3）基于传感技术的导向系统。传感导向技术是从信号源获取信息，并对其进行处理和识别的多学科交叉技术，与计算机技术和通信技术一起被称为信息技术的三大支柱。随着电子技术的发展，激光传感技术、惯性传感技术、超声传感技术和接触传感技术等已经在军事、医疗卫生和工程机械上得到应用。日本的水稻收获机可以跟踪预设路径自动导航，利用机器视觉系统探测已收割和未收割区域，陀螺仪传感器测量航向角，超声波传感器探测障碍物，DGPS 定位仪判断出收割机的位置。日本岩首大学（Iwate）学者采用激光导航研究了农用车辆在斜坡路面上行驶时的导航控制问题。日本北海道大学的 Ryo 和 Tsubota 采用激光测距扫描仪，研究了拖拉机在果园中作业的自动导航系统。法国 T. Chateau 用激光扫描测距仪探测收割作物边界和高度，改进了农业车辆（联合收割机）的自动导航。R. Keicher 和 T. Satow 等利用激光传感器，研究了跟随作物行的自动导航技术。美国伊利诺伊州立大学使用光纤陀螺仪探测了车辆位置和姿态信息，开发了一台自动导航的拖拉机-农机具系统。日本 M. Todal 将声呐传感器应用在轮式移动机器人上，实现了针对行间作物的导航。这类导向系统中，传感器是获取高品质信息的技术关键；信息的处理速度和辨识能力决定着产品性能的可靠性及推广潜力。它们一般结构紧凑、原理简单，精度相对传统机械式导向高，但受传感器的适用范围、工作环境和抗干扰能力的限制，在农业机械中普遍推广还存在一定的难度。

（4）基于液压技术的机械导向系统。与机械传动和电气传动相比，液压传动技术具有传动力大、重量轻、体积小、配置灵活、操纵控制方便的特点，可实现大范围的无级调速，并在联合收割机、拖拉机和挖掘犁等农业机械中得到广泛的应用。目前，导向装置主要以液压油缸、马达等形式控制农机具的方向，实现农机具的转向或位移移动。澳大利亚 AgGuide 公司的对沟导向系统和德国 Claas 公司的自动导航控制系统均通过安装在拖拉机上的接触式导向传感器产生路径探测信号，并利用中央控制单元控制液压回路中的电液阀来实现机具自动转向。美国 Sukup 公司的自动导向系统和 Orthman 公司的圆盘导向系统主要通过探测装置直接给出机具偏移或偏转的精确控制信号，驱动液压装置纠正机具的偏离。丹麦的 Sauer-Danfoss 公司开发了应用于农业装备的电控液压动力转向阀，可以接受来自液压转向器和电信号的两种信号，完成行间导向作业。中国农业大学的陈文良等采用步进电机和全液压转向器设计了驱动液压油缸位移和拖拉机前轮转向的电控液压动力转向系统。魏延富设计研究了应用于小麦免耕播种机上的机电伺服触觉式秸秆导向系统。这类导向系统的结构简单，制造方便，成本相对较低，受工作环境影响小，不需要较高的软硬件技术支持，在一定程度上可满足农业机械的需求，是甜菜收获导向装置的首选。

综上所述，结合甜菜的物理特征和收获田间特点，设计合理的机械接触式导向装置和液压转向机构，符合我国现阶段的经济水平，是解决甜菜导向收获作业的有效途径之一。

5.2 导向装置的构造及工作原理

5.2.1 导向装置的设计要求

目前，国内关于收获装备导向系统的研究还处于起步阶段。现有的导向系统普遍存在造价高、性能不够稳定、灵活度低等状况。针对作物收获的要求，拟设计结构简单的导向机构，采用液压系统实现导向装置的实时对行调整。

（1）导向装置结构和液压系统构造简单，符合甜菜的收获农艺要求，可降低机具成本。

（2）保证导向装置的实时导向调整，防止机具方向跑偏，避免挖掘过程中的块根损伤和漏挖损失。

（3）优化导向系统，提高系统的工作稳定性和适应能力。

5.2.2 机械接触式导向装置的特征

机械接触式导向装置主要由导向探测机构和液压转向机构组成，整体结构简单、价格低廉，在农业机械中具有较好的应用前景。目前，根据不同的作业环境和作业形式，接触式转向机构通常借助作物轮廓或垄沟等控制农机具的路径。导向探测机构的结构形式和液压转向方式是导向装置的研究重点。其中，导向探测机构是导向信息的重要来源，按照接触机构的结构可分为滚轮式和触杆式。结构如图 5-2 所示。

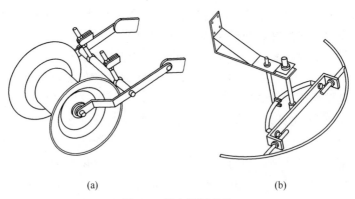

(a)　　　　　　　　　　　　　　　　(b)

图 5-2　导向探测机构

（a）滚轮式导向探测机构；（b）触杆式导向探测机构

（1）滚轮式导向探测机构。滚轮式导向探测机构由一对圆形的仿形轮组成。当滚轮遇到偏离垄中心线的甜菜时，滚轮便沿着甜菜切顶滑向一侧，获得一定的导向信息。该方案导向效果极易受到滚轮形状和甜菜切顶的质量影响，且在导向过程中滚轮会对块根产生一定的损伤。

（2）触杆式导向探测机构。触杆式导向探测机构由不同形状的触杆组成。按照触杆与甜菜块根的接触位置，可分为外接触和内接触。当触杆遇到偏离垄行中心线的甜菜时，触杆的内侧或外侧接触到块根的轮廓，推动触杆运动，获得一定的导向信息。这种方案结构简单，对甜菜块根没有损伤，但触杆的结构及尺寸决定导向的效果，需要进一步完善。

液压转向机构运动平稳，结构简单，造价低廉，可通过液压油缸控制农机具悬挂架的偏移或偏转，实现农机具前进方向的调整。按照转向方式，液压转向机构可分为偏移式和偏角式转向机构，结构如图 5-3 所示。

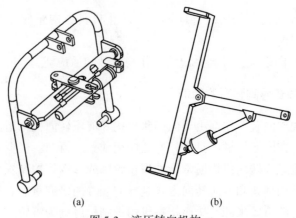

(a)　　　　　　　　　　　(b)

图 5-3　液压转向机构

（a）偏移式液压转向机构；（b）偏角式液压转向机构

（1）偏移式液压转向机构。偏移式液压转向机构由双作用液压油缸和牵引架组成。当导液压系统开启液压回路时，液压油缸伸缩带动机架相对拖拉机水平移动，实现机具整体的偏移。这种方案调节效果好，但结构相对复杂，对导向螺栓的位置精度要求较高，适宜载重机具不大的整体小位移横移，对依靠重力入土的甜菜收获机械不适用。

（2）偏角式液压转向机构。偏角式液压转向主要借助安装在牵引架一旁的双向作用液压油缸的伸缩来控制机架绕其与悬挂架的铰接点转动，实现机具前进方向的偏转。这个方案结构简单、制作方便、调节便利。因机具前进方向与液压油缸存在一定的偏角，故液压油缸的推力相对较小。该方案可以实现机具转向移动，比偏移式转向的可行性强，可完成随行运动偏差不大的机具的导向调整。

综上所述，导向装置将采用偏角式液压转向方式和触杆式导向探测方案。

5.2.3　导向装置的结构及工作原理

导向装置是甜菜收获机的重要组成部分，可调整机具在收获过程中的前进方向，避免因机组的跑偏或甜菜种植偏差引起甜菜的损伤和漏挖，影响甜菜收获的质量和效率。该装置位于收获机的前部，主要由导向探测机构和液压转向系统组成。其中，导向探测机构由导向架、导向杆和回位弹簧等组成；液压转向系统由三位四通手动换向阀、油箱和液压油缸等组成；导向架通过螺栓联结在机架上，并通过调节螺栓调整导向机构的离地高度；两个导向杆分别铰接于导向架的两侧，由回位弹簧限定其空间垂直位置。导向装置的结构示意图如图 5-4所示。

该装置利用甜菜块根的轮廓作为导向标志物，逐渐修正收获机的前进方向。工作时，导向装置由牵引架带动前行，并借助位于甜菜块根两侧的导向杆与块根外轮廓的接触，实现相应机构的运动，完成前进方向的实时调整。当导向机构跟随地面起伏运动时，回位弹簧具有一定的压缩量，可以实现导向机构在垂直方向时刻与地面接触。当收获机在行驶过程中偏离块根行中心线时，导向机构一侧的导向杆内侧会接触到甜菜块根外轮廓，并受到甜菜块根的推力，带动导向机构联动，从而牵动手动换向阀的手柄伸长或缩短，开启不同的液压油路，使得安装在机架侧向的转向油缸进行相应的动作，以调整收获机的前进方向；当导向杆脱离甜菜块根接触时，手动换向阀阀芯在其内部回位弹簧的作用下自动回到中位，且导向探测机构回位，液压系统停止对转向油缸供油，以此完成收获过程的实时自动导向对行，最终实现减少收获损伤，提高机械的甜菜块根起收率的目的。导向装置的导向对行工作状态如图 5-5 所示。

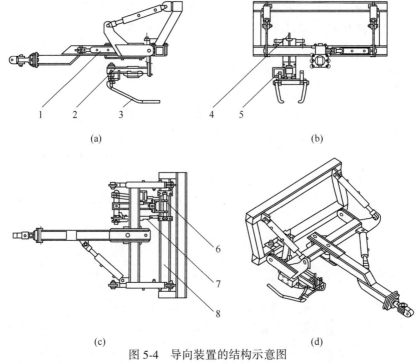

图 5-4　导向装置的结构示意图

(a) 主视图；(b) 左视图；(c) 右视图；(d) 立体图

1—转向油缸；2—导向架；3—导向杆；4—调节螺栓；5—手动换向阀；

6—紧固螺栓；7—回位弹簧；8—机架

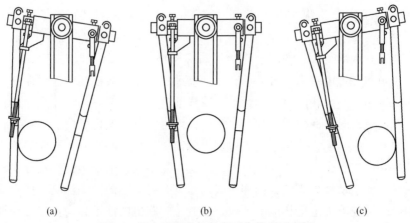

图 5-5　导向探测机构导向工作状态示意图

(a) 左偏转；(b) 无偏转；(c) 右偏转

5.3　导向装置的结构参数及动力学分析

导向装置主要由液压转向系统和导向探测机构组成。其导向探测机构和液压转向系统的反应速度决定了导向装置的灵敏度和作业效果，是设计研究的重点。在农业收获机械上，实现自动导向技术的推广应用不仅能够提高作业效率、降低驾驶员劳动强度，而且可以提高收获作业的质量、避免重复作业、降低作业成本。

5.3.1 导向探测机构的结构参数

导向探测机构是导向装置中的重要部件，是整个导向装置信号的来源，影响着探测信息的准确性和导向效果。导向杆的结构参数（弯角 α，长度 L_1、安装角 β）和工作参数（离地高度 H、导向杆间距 S_0 和 S_1）直接决定导向系统的导向效果和性能，并由甜菜块根的生长状况和工作要求确定。其结构及参数如图 5-6 所示。

由导向装置的工作原理可知，弯角 α 和安装角 β 决定了导向杆的空间位置；弯角 α 和长度 L_1 决定导向杆与块根的有效接触长度，影响导向机构运动的平稳性；导向杆的高度 H 决定导向空间，影响甜菜块根的通过性能；导向杆的间距 S_0 和 S_1 决定导向装置的导向调整范围；导向杆的安装

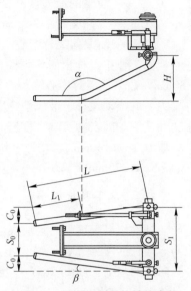

图 5-6 导向探测机构结构参数

角 β 决定甜菜块根给予导向杆的侧向力的方向，影响手动换向阀的开启和机构转向的效果。以上各个参数相互制约，并具有以下关系。

5.3.1.1 高度 H

为了保证甜菜块根顺畅通过导向装置，确保导向装置运动的平稳，减少不必要的运动干涉，导向杆的高度 H 要适应甜菜块根切顶可变高度的影响，避免碰到甜菜顶冠造成损伤。一般，H 由式（5-1）确定。

$$H = H_{max} + (50 \sim 70) mm \tag{5-1}$$

经调研统计，东北黑龙江甜菜产区的甜菜块根的切顶离地高度为 $30 \sim 80mm$。为了保证甜菜顺利通过导向装置，保持收获机行驶平稳，选定导向装置的导向杆的离地高度 H 为 $140mm$。

5.3.1.2 导向杆间距 S_0、S_1

导向杆的间距主要由导向装置的导向要求和甜菜块根的大小决定。依据导向

装置的结构要求, 导向杆的间距 S_0 应略大于甜菜的最大直径, 并容许甜菜块根侧向偏离行中心一定距离, 以减少导向杆的侧向波动, 避免不必要的导向偏转。 S_1 决定了导向的范围, 一般由甜菜块根种植农艺的特点决定, 即允许甜菜块根偏离行中心线的距离。一般, 可由式 (5-2) 和式 (5-3) 确定。

$$S_0 = D_{max} + 2C \tag{5-2}$$

$$S_1 = S_0 + 2C_0 \tag{5-3}$$

式中 D_{max} ——甜菜的最大直径, mm;

   C ——容许偏离距离, mm;

   C_0 ——甜菜偏离行中心线距离, mm。

在实际工作中, 种植甜菜块根直径为 60~140mm, 容许偏离距离 $2C$ 一般为 20~30mm。甜菜偏离行中心线距离 C_0 受到导向杆铰接点中不可避免的间隙、导向杆受力后的挠动位移、液压系统中渗漏引起的油压下降、手动换向阀阀芯移动的距离和速率等因素的影响。根据甜菜块根生长状况, 为了减少连续侧向位移的波动, 取 D_{max} 为 140mm, $2C$ 为 30mm, C_0 为 50mm, 可初步确定导向杆间距 S_0 为 170mm, S_1 为 270mm。

5.3.1.3   水平长度 L_1、L

导向杆的水平长度是甜菜块根与导向杆接触的有效长度。为了防止相邻甜菜块根与导向杆的接触干涉, 减少不必要的侧向转向波动, 确保导向杆运动的平稳, 导向杆的水平长度 $L_1 \geq S_m$, 且导向杆的水平投影长度 L 应满足 $S_m < L < 2S_m$, 且 $L = L_1 + H\tan\alpha$ 。其中, S_m 为甜菜的平均株距。为了保证机构的紧凑性, 由甜菜的种植株距为 250~300mm, 初步确定水平长度 L_1 为 250mm, 导向杆的水平投影长度 L 为 370mm。

5.3.1.4   安装角 β

导向杆的安装角 β 决定了导向杆的空间位置, 是影响导向探测机构灵敏度的重要参数, 决定着甜菜块根对导向杆的作用力大小和方向。结合工作状态, 导向杆偏角 β 由式 (5-4) 确定。

$$\sin\beta = \frac{C_0}{L} \tag{5-4}$$

式中 C_0 ——导向对行的调整范围, mm;

   L ——导向杆的水平投影长度, mm。

由 C_0 为 50mm, L 为 370mm, 确定安装角 β 为 7.7°。

5.3.1.5   弯角 α

导向杆弯角 α 是导向杆的重要结构参数, 主要决定导向杆随地起伏的状况及其与甜菜块根接触状态。工作过程中，保障导向杆与甜菜块根的稳定有效接触是导向杆弯角 α 的选定原则。

由几何关系，导向杆弯角 α 可以由式（5-5）初步确定。

$$\tan(180 - \alpha) = -\frac{H}{L - L_1} \tag{5-5}$$

式中　H——导向杆的高度，mm；

　　　L——导向杆的水平投影长度，mm；

　　　L_1——导向杆的水平长度，mm。

假设导向杆与地上高度为 h 的甜菜块根接触，根据导向机构的结构特点，导向探测机构的实际最大调整范围为 S，且 $S = S_1 - 2(H - h)\cot(180 - \alpha)\sin\beta \geq S_0$。该甜菜块根沿导向杆内侧接触的最大有效长度为 $L_1 + h\cot(180 - \alpha)$。在导向过程中，在 H、L_1 工作参数一定的条件下，导向杆的弯角 α 减小，则导向装置的有效导向范围增大，导向板与甜菜块根的有效接触长度减小；当弯角 α 增大时，导向装置可调整的有效导向范围减小，导向板与甜菜块根的有效接触长度增大。因此，选择合适的 α 是导向探测机构的关键。根据导向调整范围的关系式，由 $S_1 = 270$，$S_0 = 170$，$H = 140$mm，$h = 60$mm，$\beta = 7.7°$，得到 $\alpha \leqslant 167°$。结合导向杆的结构尺寸，初步确定 $\alpha = 130°$。

5.3.2　导向探测机构动力学分析

按照运动机理，导向探测机构的运动可分为铅垂面内的随地起伏运动和水平面内绕导向架铰接处的转动。由于两个运动相互独立，将两个运动分别独立研究。其中，在偏离行驶路径的过程中，导向杆与甜菜块根接触后的侧向转动产生探测信号，并开启液压导向系统，使得整个机架偏移，实现导向对行的目的。为了便于研究，忽略导向杆与甜菜块根之间的摩擦力，导向机构受到手动换向阀手柄的作用力和甜菜给予的侧向力。在这些力的合力矩作用下，导向杆绕其与导向架铰接的转轴转动并产生一定的角速度。以收获机行驶路线发生右偏移为例，导向探测机构的受力情况如图 5-7 所示。其运动状态示意图如图 5-8 所示。导向探测机构的转轴处的力矩满足式（5-6）。

$$M = Fs - Tl_1 = J\ddot{\theta} \tag{5-6}$$

式中　F——甜菜块根给予导向杆的
　　　　　侧向力，N；

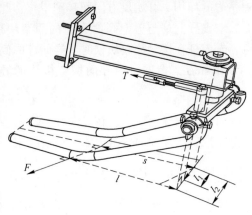

图 5-7　导向探测机构的受力情况

　　s ——F 的力臂，mm；

　　T ——手动换向阀手柄给予导向杆的力，N；

　　l_1 ——T 的力臂，mm；

　　J ——导向杆的转动惯量，kg·mm²；

　　$\ddot{\theta}$ ——导向杆的角加速度，rad/s²。

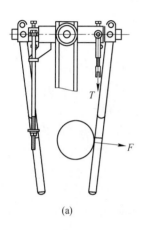
(a)
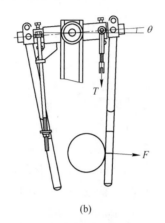
(b)
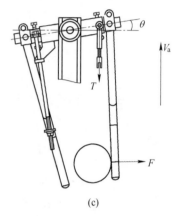
(c)

图 5-8　导向探测机构运动状态示意图

(a) $M>0$；(b) $M=0$；(c) $M<0$

　　在接触甜菜块根的初始阶段，导向杆受到的侧向作用力最大，手动换向阀手柄的拉力较小。此时，$M>0$，导向杆绕着铰接点做相对转动，甜菜相对沿着导向杆内侧向后移动。随着转动角度 θ 的增大，T 逐渐增大，手动换向阀开启液压回路，液压系统使得导向装置发生侧向偏移。伴随着导向架的侧向移动，导向杆与甜菜块根的作用力减小，导向探测机构处于瞬时平衡状态。此时，$M=0$，转动角度 θ 达到最大值。当导向杆脱离甜菜块根的接触后，导向杆在手动换向阀内部弹簧力的作用下开始反方向回转到中位，此时 $M<0$。

　　假设导向杆与地上高度为 h 的甜菜块根接触，根据导向探测机构的结构特点，导向杆在接触甜菜块根时，导向杆的侧向力 F 的力臂 $s=(H-h)\cot(180-\alpha)-l_2\sin\beta$。此时，由导向探测机构的转轴处的力矩公式可得，$M=F[(H-h)\cot(180-\alpha)-l_2\sin\beta]-Tl_1=J\ddot{\theta}>0$，即 $F(H-h)\cot(180-\alpha)\geqslant Tl_1$。为了保证导向装置的导向效果，在导向杆与块根接触的过程中，导向杆不应将甜菜块根推倒或推斜，即导向杆给予甜菜块根的水平推力不能超过土壤与块根的稳定结合力 $[F]$。则，$\tan(180-\alpha)\leqslant\dfrac{F(H-h)}{Tl_1}\leqslant\dfrac{[F](H-h)}{Tl_1}$。结合经验，对于块根离地高度大于 50mm 的块根，$[F]$ 的变化范围为 60~600N，平均为 330N 左右。取 $H=140$mm，$h=60$mm，$T=200$N，$l_1=100$mm，$[F]=330$N，则得 $\alpha\geqslant127°$。

结合导向装置的工作原理，当导向探测机构的导向杆瞬间接触到偏离的块根时，导向杆的加速度最大，此时甜菜的平衡最容易遭到破坏。在甜菜块根的作用下，导向杆绕其与导向架的铰接处偏转，且导向杆的偏转角度较小（一般≤5°），角加速度不断变化。随着机架的方向调整，导向杆的运动可近似为随机架的运动和绕导向架转动的合成。为了便于计算，假设导向装置的方向调整较为灵敏，在导向杆与甜菜块根接触后，导向杆瞬间处于平衡状态，导向探测机构的受载及运动如图 5-9 所示，作用于导向杆的力可由导向杆的平衡方程式（5-7）确定。

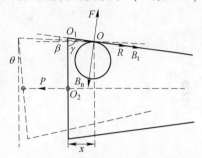

图 5-9　导向探测机构的受载及运动图

$$\begin{cases} F\sin\beta - B_n\sin\beta + R\cos\beta + B_t\cos\beta - P = 0 \\ F\cos\beta - B_n\cos\beta - R\sin\beta - B_t\sin\beta = 0 \end{cases} \tag{5-7}$$

式中　F——甜菜块根给予导向杆的作用力，N；

　　　R——甜菜块根给予导向杆的摩擦力，N；

　　　B_n——导向杆惯性力的法向分力，N；

　　　B_t——导向杆惯性力的切向分力，N；

　　　P——导向架给予导向杆的作用力，N；

　　　β——导向杆的安装角，(°)。

其中，$R = F\tan\varphi$，φ 为导向杆和甜菜轮廓的动摩擦角，$\tan\varphi$ 为动摩擦系数，一般为 0.6~0.7。$B_n = m_r j_{nb}$，$B_t = m_r j_{tb}$，$j_{nb} = -j_n = -\omega^2 r$，$j_{tb} = -j_t = -\varepsilon r$。

通过整理得，

$$F = \frac{B_n\cos\beta + B_t\sin\beta}{\cos(\beta + \varphi)}\cos\varphi \tag{5-8}$$

$$P = \frac{B_n\sin\varphi + B_t\cos\varphi}{\cos(\beta + \varphi)} \tag{5-9}$$

由于导向杆形状和结构不规则，导向杆的回转半径和惯性力等不好确定，因此通过公式求得导向杆的作用力具有一定的难度。一般来讲，导向杆受到的作用力 F 应小于甜菜块根固着在土壤中的力。

设在某一时刻 t，导向杆与甜菜块根的接触点 O 与导向杆上的 O_1 之间的水平距离为 x，则有式（5-10）和式（5-11）。

$$x = l\cos\beta \tag{5-10}$$

$$x = x_0 + v_m t + l_2\sin\theta \approx x_0 + v_m t + l_2\theta \tag{5-11}$$

式中　l——OO_1 在水平面上的投影长度，mm；

l_2——O_1O_2，mm；

θ——导向杆绕其与导向架铰接点的转角，(°)；

v_m——收获机前进速度，mm/s；

x_0——可变距离 x 的初始值，mm。

在图 5-9 中，$\beta + \gamma = \dfrac{\pi}{2} - \theta$，$\beta = \omega t$，其中，$\omega$ 为导向杆的角速度，$\gamma = \mathrm{const}$

（常数）。将上述公式对 t 微分，则得 $\dot{\beta} = -\dot{\theta}$，$\dot{\beta} = \omega$。设 $\ddot{\beta} = \dot{\omega} = \varepsilon$，可求得：

$$\dot{\beta} = \omega = \frac{v_m}{l_2 - l\sin\beta} \tag{5-12}$$

$$\ddot{\beta} = \dot{\omega} = \varepsilon = \frac{(l_2 - l\sin\beta)^2 + v_m^2 l\cos\beta}{(l_2 - l\sin\beta)^3} \tag{5-13}$$

式中，$l = L - L_1 = -H\cot\alpha$。

由以上分析可知，甜菜与导向杆的接触位置影响着导向装置的受载和运动情况。结合导向杆的结构关系，弯角 α、安装角 β 及导向杆长度 L_1 等决定着导向装置运动的灵敏性和平稳性，是导向系统的重要参数，有待于进一步的研究和优选。

5.3.3   液压转向系统

导向装置的转向运动主要依靠液压转向系统来完成。该系统通过三路四通手动换向阀开启不同油路，使得牵引架侧向的转向油缸杆伸长或缩短，从而调整收获机的前进方向。在此转向过程中，牵引架和转向油缸分别做复合运动，可近似为前进方向的直线运动和绕牵引架与拖拉机铰接处的转动。由于收获机调整方向较小，且行走轮轴远离拖拉机的牵引点，故收获机机架的转动可忽略。由于收获机的转向动作通过液压系统控制，故会因为机构的运动间隙和油压的传导产生一定的转向延迟。根据导向装置的工作原理，应保证导向装置和机架的侧向移动一致，故确保转向油缸和手动换向阀及时运动是提高导向装置灵敏性的有效途径。液压转向系统速度关系如图 5-10 所示。假设甜菜块根与导向杆的接触瞬时，导向杆受力处于平衡状态。为了提高转向的精确性，导向杆的侧向移动速度应近似于机架的侧向移动速度，且满足式（5-14）。

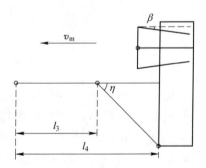

图 5-10   液压转向系统速度关系示意图

$$v_0 = v_m\tan\beta \tag{5-14}$$

式中 v_0——导向杆的侧向移动速度，m/s；

v_m ——拖拉机前进速度，m/s；

β ——导向杆的安装角，(°)。

根据导向装置的位置及牵引装置的结构特点，假设转向油缸活塞移动的速度 v_t 与机架侧向移动的速度 v_0 存在以下关系。

$$\frac{v_t \sin\eta}{l_3} = \frac{v_0}{l_4} = \frac{v_m \tan\beta}{l_4} \tag{5-15}$$

式中 v_t ——液压缸活塞移动速度，m/s；

η ——液压缸与牵引杆之间的夹角，(°)；

l_3 ——牵引杆分别与拖拉机和液压缸铰接点之间的距离，m；

l_4 ——牵引杆分别与拖拉机和收获机机架铰接点之间的距离，m。

根据液压缸结构特点，油缸活塞的运行速度满足以下关系。

$$Q - Q_t = D^2 \frac{\pi}{4} v_1 \tag{5-16}$$

$$Q - Q_t = (D^2 - d^2) \frac{\pi}{4} v_2 \tag{5-17}$$

式中 Q ——油泵流量，L/min；

Q_t ——漏油损失，L/min；

d ——液压缸活塞杆直径，m；

v_1 ——液压油缸活塞的外伸速度，m/s；

v_2 ——液压油缸活塞的缩入速度，m/s。

因此，结合经验选择 34SM-L10H-T 型三位四通手动换向阀。其公称压力为 31.5MPa，公称直径为 10mm，复位弹簧力约 200N，换向阀的阀芯行程为 6.5mm，复位弹簧压力大约 180N。转向油缸为单杆双作用液压油缸。液压油缸的缸内径为 53mm，活塞杆直径为 35mm，闭合长度为 430mm，行程为 180mm，工作压力为 16MPa。为了保证液压转向系统的灵敏度，即要求 $v_1 \geqslant v_t$，$v_2 \geqslant v_t$，通过试验初步确定液压转向系统的流量为 15L/min。由于在工作中液压转向系统需要克服导向探测机构中铰链结构间的摩擦阻力和手动换向阀的滑块阻力等，故选择出油管的截面比压油管的截面大 1.5~2 倍，且在此回路中选用单路稳定分流阀 FLD-151 以保证液压转向回路液压油量稳定和手动换向阀运行平稳。

5.4 导向装置的田间导向通过性模拟试验

5.4.1 试验目的

由导向装置的工作原理可知，在液压系统一定的情况下，导向杆的结构参数对导向对行的效果起到至关重要的作用。为了直观分析导向装置的导向效果，采用木桩模拟甜菜块根的田间状况，研究导向杆的弯角 α 、安装角 β 、水平长度 L_1 对导向效果的影响及其允许的变动范围。

（1）研究各个参数对工作状况的影响。

（2）确定不同参数的合理性及调整范围。

（3）检验导向系统的工作稳定性，并提出改进建议。

5.4.2　试验条件及方法

选择一块较平坦的地块，将最大直径为 125mm，最小直径为 60mm 的木桩依据随机数列预埋在土壤里，并用水浇灌保证木桩与土壤的紧实，模拟甜菜块根收获前的田间状况。木桩地上高度为 50mm 左右，间距为 260mm 左右，行长为 20m。模拟场地如图 5-11 所示。

采用东方红 40 拖拉机，二挡行驶速度，牵引甜菜收获机前进。工作时，拖拉机和导向装置摆正，使得导向装置的导向杆跨在木桩两侧。在行驶过程中，驾驶员不必考虑收获机具的对行情况，只依靠导向系统完成收获机的自动导向工作。在不同的参数组合的条件下，每个组合试验三次，以收获机导向装置一次性顺利通过整个行程为评价指标，并观测导向装置的工作状况。工作状态如图 5-12 所示。

图 5-11　模拟场地

图 5-12　田间工作状态

5.4.3　试验内容

以导向杆的弯角 α 、安装角 β 、水平长度 L_1 为试验因素，导向装置的通过性为评价指标，进行单因素试验，分析各参数对导向装置作业性能的影响。各个因素水平见表 5-1。

表 5-1　单因素试验因素与水平

因素	试验水平					备注
$\alpha /(°)$	120	130	140	150	160	$\beta=9°$, $L_1=210mm$
$\beta /(°)$	5	7	9	11	13	$\alpha=140°$, $L_1=210mm$
L_1/mm	170	190	210	230	250	$\alpha=140°$, $\beta=9°$

5.4.4　试验结果及分析

按照试验方法，在各个参数处于不同试验水平的情况下，测定收获机是否能够顺利通过 20m 的距离，并记录通过次数。在 3 次试验中有 2 次通过全程的 20m，暂定试验结论为"通过"。导向系统的通过性试验结果见表 5-2。

表 5-2　导向系统的通过性试验结果

序号	试 验 组 合			试验结果	结论
	$\alpha/(°)$	$\beta/(°)$	L_1/mm		
1	120	9	210	3	通过
2	130	9	210	3	通过
3	140	9	210	3	通过
4	150	9	210	3	通过
5	160	9	210	0	不通过
6	140	5	210	3	通过
7	140	7	210	3	通过
8	140	9	210	3	通过
9	140	11	210	3	通过
10	140	13	210	1	不通过
11	140	9	170	3	通过
12	140	9	190	3	通过
13	140	9	210	3	通过
14	140	9	230	3	通过
15	140	9	250	3	通过

弯角 α、安装角 β 和水平长度 L_1 确定了导向杆的空间位置，影响导向杆与木桩接触后的受力和运动情况，决定整体机构的导向效果。在试验 5 的参数组合下，导向装置发生了 3 次串行；在试验 10 的参数组合下，导向装置发生了 2 次串行；其他情况下，导向装置都可以顺利通过。但是在试验 1 和试验 6 中，两导向杆间距相对较大，在行驶过程中与木桩块根接触不多，导向效果主要受拖拉机自身行驶状况和地面情况的影响。同时，在试验 1 中导向杆随地起伏运动幅度较大，使得导向杆的后端起跳明显，致使导向杆与木桩块根接触不稳定。从试验结果及导向装置的运动情况可知：弯角 α 或安装角 β 过小不利于导向杆工作的稳定；弯角 α 或安装角 β 增大会减小导向装置的导向调整范围；水平长度 L_1 对导向装置的通过性影响不明显。随着弯角 α 的增大，导向杆间的距离减小，使得导向调整范围减小。当导向杆与处于调整范围边缘的木桩接触时，导向杆容易与木桩产生滑移，导致导向杆外侧与木桩接触，从而发生导向装置的行驶方向的偏差。当安装角 β 增大时，会导致导向杆的调整范围的减小，同样引起导向杆与木桩接触的不稳定，使得导向装置在行驶过程中产生串行。因此，初步选定导向杆关键参数的范围：水平弯角 α 范围为 [130°，150°]，安装角 β 的范围为 [7°，11°]，水平长度 L_1 的范围为 [170，250]cm。

5.5　导向装置关键参数的优化试验

5.5.1　试验目的

由导向装置的工作原理可知，导向杆的结构参数（弯角 α 、安装角 β 、水平长度 L_1 ）在一定程度上决定了导向装置的灵敏度和精确度。借助响应曲面法，研究弯角 α 、安装角 β 、水平长度 L_1 对导向装置性能的影响，找出最佳的参数组合和响应值。

（1）检验导向装置的结构强度及液压系统的协调运转情况。

（2）探索导向装置关键参数之间的相互关系，并建立数学模型。

（3）研究关键参数对试验指标的影响规律及主次关系，并优化参数。

5.5.2　试验对象及条件

试验对象选用河北省张家口市张北县小二台双行甜菜试验田的"KWS3148"移栽甜菜。甜菜的平均行距为 600mm，株距为 260mm，垄宽为 310mm，衔接行垄距（相邻两个移栽行程之间垄距）为 635mm，垄高为 100mm，块根切顶地上高度为 35~70mm，平均离地高度为 55mm。

5.5.3　试验设备

甜菜联合收获机、不同尺寸的导向杆、YB 电子天平、杆秤、标杆和卷尺等。不同尺寸的导向杆如图 5-13 所示。

5.5.4　试验方法及试验指标

参照《甜菜收获机械试验方法》（JB/T 6276—2007）和《甜菜收获机作业质量》（NY/T 1412—2007）选取长度为 20m，宽度为一个作业幅宽的收获面积为检测取样单元。在工作参数一定的条件下，按照试验方案，在测

图 5-13　不同参数的导向杆

定区内，分别收集漏挖、埋藏、输送损失的块根、收获的块根及其损伤的块根，将块根除去杂质（块根表面和群体中含有的土、砂、石、草、其他作物的茎叶、甜菜叶、未按标准修削的青头、不足 1cm 粗的尾根和叉根，以及 100g 以下的小块根等），称出块根净质量，按照公式计算块根的漏挖率、损伤率以及导向损失率。

（1）块根漏挖率：

$$G_1 = \frac{G_{lz}}{G_{lz} + G_{mz} + G_{qz} + G_{zz}} \times 100\%$$

式中　　G_1——块根的漏挖损失率,%;

　　　　G_{lz}——漏挖块根的质量, kg;

　　　　G_{mz}——埋藏块根质量, kg;

　　　　G_{qz}——输送损失块根质量, kg;

　　　　G_{zz}——收获块根质量, kg。

　　(2) 块根损伤率:

$$G_s = \frac{G_{sz}}{G_{zz}} \times 100\%$$

式中　　G_s——块根损伤率,%;

　　　　G_{sz}——损伤的块根质量, kg。

　　(3) 导向损失率:

$$G_o = G_1 + G_s$$

式中　　G_o——块根损伤率,%。

5.5.5　试验方案设计

　　响应曲面分析法 (RSM) 是试验设计与数理统计结合后并用于经验模型建立的一种有效的优化方法,可在试验测试、经验公式或数值分析的基础上消除噪声效应,实现目标的全局逼近。试验以导向杆的弯角 α、安装角度 β 和水平长度 L_1 为试验因素,并进行水平编码 x_i (i=1, 2, 3);以甜菜块的漏挖和损伤状况作为评定导向系统性能优劣的标准,并将导向损失率 (块根的漏挖率和损伤率之和) 作为导向装置性能评价指标 y;采用曲面响应法对结构参数进行优化分析。试验因素和水平见表 5-3。

表 5-3　试验因素及水平

因素	编码	试验水平		
		−1	0	1
弯角 α /(°)	x_1	120	135	150
安装角 β /(°)	x_2	5	8	11
水平长度 L_1 /mm	x_3	170	200	230

5.5.6　响应面试验方案及结果分析

　　试验依据 Box-Benhnken 试验设计原理进行 15 次试验。响应面试验方案及结果见表 5-4。利用 Design-Expert 软件进行响应曲面分析,得到因素与试验结果的响应面模型。响应曲面模型的方差分析见表 5-5。响应曲面和等值线图可直观地反映导向机构的 3 个因素对响应值的影响。各因素对响应值的影响如图 5-14 所示。由表 5-5 可知，响应模型拟合极显著（$p < 0.01$），水平长度 L_1 的一次项、导向杆弯角 α 的一次项及其二次项、安装角 β 的二次项、安装角 β 与水平长度 L_1 的交互项均达到极显著（$p < 0.01$），安装角 β 的一次项、弯角 α 与安装角 β 的交互项、弯角 α 与水平长度 L_1 的交互项达到显著（$p < 0.05$），决定系数 R^2 为 0.9868。将不显著的水平长度 L_1 的二次项剔除后，各因素系数显著性顺序为 $x_3 > x_2 x_3 > x_1^2 > x_2^2 > x_1 > x_1 x_3 > x_1 x_2 > x_2$；指标自然回归方程为：

$$y = 1018.37361 - 12.13861 x_1 - 32.21667 x_2 + 0.24264 x_3 - 0.11667 x_1 x_2 -$$
$$0.013278 x_1 x_3 + 0.13889 x_2 x_3 + 0.056889 x_1^2 + 1.19722 x_2^2$$

表 5-4　试验方案和结果

试验号	x_1	x_2	x_3	y
1	−1	−1	0	51.3
2	−1	0	−1	45.3
3	−1	0	1	30.4
4	−1	1	0	54.2
5	0	−1	−1	60.2
6	0	−1	1	9.4
7	0	1	−1	30.4
8	0	1	1	29.6
9	1	−1	0	46.6
10	1	0	−1	50.4
11	1	0	1	11.6
12	1	1	0	28.5
13	0	0	0	21.3
14	0	0	0	19.7
15	0	0	0	23.7

表 5-5　方差分析

来源	平方和	自由度	均方	F 值	Prob>F	显著性
模型	3555.61	9	395.07	41.64	0.0004	显著
A-A	243.10	1	243.10	25.62	0.0039	
B-B	76.88	1	76.88	8.10	0.0360	

续表 5-5

来源	平方和	自由度	均方	F 值	Prob>F	显著性
C-C	1386.01	1	1386.01	146.08	<0.0001	
AB	110.25	1	110.25	11.62	0.0191	
AC	142.80	1	142.80	15.05	0.0116	
BC	625.00	1	625.00	65.87	0.0005	
A^2	605.34	1	605.34	63.80	0.0005	
B^2	429.01	1	429.01	45.22	0.0011	
C^2	0.011	1	0.011	1.142×10^{-3}	0.9744	
残差	47.44	5	9.49			
失拟项	39.33	3	13.11	3.23	0.2450	不显著
纯误差	8.11	2	4.05			
总差	3603.05	14				

由图 5-14（a）可知，在导向杆水平长度 L_1 一定的条件下，甜菜的导向损失率受导向杆弯角 α 和安装角 β 的交互影响，且分别与影响因素呈二次曲线关系；随着弯角 α 的增大损失率逐渐减小，且弯角 α 大于 138.23°后损失率逐渐增大；随着安装角 β 的增大损失率逐渐减小，且安装角 β 大于 8.43°后损失率逐渐增大；由等值平面上的椭圆等值图形可知，弯角 α 比安装角 β 对损失率的影响略大。

由图 5-14（b）可知，在安装角 β 一定的条件下，甜菜的导向损失率受弯角 α 和水平长度 L_1 的交互影响，并分别与其呈二次曲线关系；在图示范围内，导向损失率随着弯角 α 的增大先减小后增大，随着水平长度 L_1 的增大而减小；由等值平面上的椭圆图形可知，弯角 α 比水平长度 L_1 对导向损失率的影响小。

由图 5-14（c）可知，在导向机构弯角 α 一定的条件下，甜菜的导向损失率受安装角 β 和水平长度 L_1 的交互影响；安装角 β 与甜菜的导向损失率呈二次曲线关系，水平长度 L_1 与甜菜导向损失率呈线性关系；导向损失率随着安装角 β 的增大先减小后增大，随着水平长度 L_1 的增大而减小；由等值平面上的椭圆图形可知，安装角 β 比水平长度 L_1 对导向损失率的影响小。

5.5.7 目标优化

以甜菜的导向损失率为目标，对其进行有约束目标最小化优化。为此，建立以下优化目标函数和约束函数：

$$F = \min[y] = \min[f(x_1, x_2, x_3)]$$

$$\text{s.t.} \quad \begin{aligned} 120 &< x_1 < 150 \\ 5 &< x_2 < 11 \\ 170 &< x_3 < 240 \end{aligned}$$

经优化模型迭代收敛，得到最终优化结果，并圆整后见表 5-6。

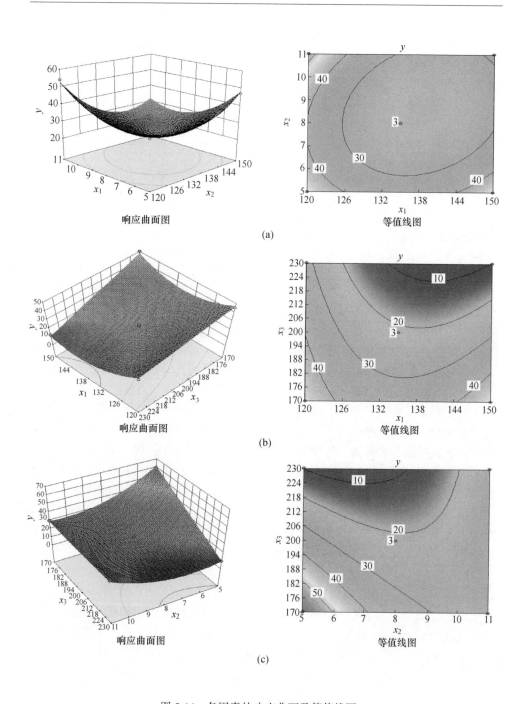

图 5-14 各因素的响应曲面及等值线图

（a）固定水平：$x_3 = 0$，$y = f(x_1, x_2)$；（b）固定水平：$x_2 = 0$，$y = f(x_1, x_3)$；

（c）固定水平：$x_1 = 0$，$y = f(x_2, x_3)$

表 5-6 优化结果

因素	弯角 α/(°)	安装角 β/(°)	水平长度 L_1/mm
优化结果	145.28	7.94	239.46
圆整后结果	145	8	240

5.6 本章小结

（1）通过对甜菜块根收获地表的特征的分析，结合现有导向系统类型的对比，提出了机械接触和液压转向融合的导向系统，明确了偏角式液压转向和触杆式导向探测机构的结构和工作原理。借助导向探测机构和液压转向系统的结构及动力学分析，得到了参数之间的关系及关键结构。利用导向装置的模拟导向试验，初步确定了关键参数的范围：弯角 α 为 $[130°，150°]$，安装角 β 为 $[7°，11°]$，水平长度 L_1 为 $[170，250]$mm。

（2）采用响应曲面法，建立了弯角 α、安装角 β、水平长度 L_1 的性能模型，并研究了关键参数对导向装置性能的影响。在响应模型中，水平长度 L_1 的一次项、导向杆弯角 α 的一次项及其二次项、安装角 β 的二次项、安装角 β 与水平长度 L_1 的交互项均达到极显著，安装角 β 的一次项、弯角 α 与安装角 β 的交互项、弯角 α 与水平长度 L_1 的交互项达到显著。各个因素的系数显著性顺序为 $x_3 > x_2 x_3 > x_1^2 > x_2^2 > x_1 > x_1 x_3 > x_1 x_2 > x_2$。

（3）由响应曲面和等值线图直观得到各因素对导向机构性能的关系和影响程度。在导向杆水平长度 L_1 一定的条件下，甜菜的导向损失率受导向杆弯角 α 和安装角 β 的交互影响，分别与影响因素呈二次曲线关系，并受弯角 α 的影响略大于安装角 β 的影响。在安装角 β 一定的条件下，甜菜的导向损失率受弯角 α 和水平长度 L_1 的交互影响；在图 5-14 范围内，导向损失率随着弯角 α 的增大先减小后增大，随着水平长度 l 的增大而减小，且受弯角 α 的影响小于水平长度 L_1 的影响。在导向机构弯角 α 一定的条件下，甜菜的导向损失率受安装角 β 和水平长度 L_1 的交互影响；安装角 β 分别与甜菜的导向损失率呈二次曲线关系，水平长度 L_1 与甜菜导向损失率呈线性关系；在图 5-14 范围内，导向损失率随着安装角 β 的增大先减小后增大，随着水平长度 L_1 的增大而减小，且受安装角 β 的影响小于水平长度 L_1 的影响。

（4）基于二次响应曲面法建立的预测模型，得到了较优组合水平：弯角 α 为 145°、安装角 β 为 8°、水平长度 L_1 为 240mm。

6 输送清理装置的设计及仿真分析

输送清理装置是收获装备的重要组成部分，主要起到向后输送甜菜和清理甜菜黏附土壤的效果。经过长期的改进和完善，甜菜收获机械的输送清理装置结构及类型日益丰富，常见的有杆条链输送清理装置、栅状回转圆盘输送清理装置和螺旋辊输送清理装置等。它们各具特点，输送清理效果不同，制造成本和对块根的损伤存在差异，并适应不同的工作场合。到目前为止，还没有一种装置能够对甜菜块根实现无损伤的土壤清理，解决甜菜输送清理过程中效率低、作业成本高等问题。因此，将输送与清理功能融为一体，开发设计出价格低廉、结构合理的输送清理装置，优化关键部件的运动参数，最大限度地提高土壤和块根的分离效果，提升整机工作性能和效率，对解决甜菜主产区劳动力紧缺，推进甜菜生产全程机械化发展具有重要意义。

6.1 输送清理装置的设计

6.1.1 设计要求

设计要求是：在保证甜菜有效挖掘的前提下，设计结果和性能良好的输送清理装置，实现甜菜块根、土块、茎叶和杂草等混合物的有效分离，并尽可能减少甜菜对土壤的携带和其在输送过程中的损伤。为了提高收获机械的适用度，甜菜收获机的输送清理装置应满足以下要求。

（1）符合甜菜块根的几何尺寸和机械力学强度要求，确保甜菜块根的输送清理工作顺畅，避免部件缠草和壅堵现象。

（2）实现土壤的有效松碎，便于甜菜与土壤的分离和块根黏附土壤的清除，减少后续作业负担。

（3）确定合理工作参数，保证输送清理装置工作稳定，减少块根机械损伤，并满足一定的性能要求。

6.1.2 输送清理装置类型及特点

输送与清理是两个密不可分的作业，一般相互结合通过一种部件来完成。输送清理装置主要将粘连在块根上的泥土、游离的土壤和杂质清除，并完成块根的向后输送。目前，广泛采用的输送清理器可分为升运式、旋转指盘式、滚筒式、爪轮式和螺旋辊式。

6.1.2.1 升运式输送清理器

升运式输送清理器主要由相互平行的杆条组成，结构简单、工作可靠，能够在分离土壤和杂物的同时将块根向后输送，可实现大于 30° 的倾角输送，但不易分离大块硬土和甜菜残株。根据结构形式可分为单链式输送、双链式输送和辅助链式输送，结构如图 6-1 所示。其中，双链式输送清理器可以完成较大倾角的块根提升，但对较大土块和杂质的清理能力有限，且对块根的损伤相对较大。升运部件的链条主要有钩形链、套筒链、套筒滚子链、平胶带和齿形橡胶带等，如图 6-2 所示。其中，钩形链的结构简单、耐磨性差、使用寿命短；套筒链主要由销轴和套筒组成，耐磨性较好；套筒滚子链的质量轻，已实现标准化生产，耐磨性强；平胶带和齿形橡胶带是以带子的弹性变形代替金属的铰接摩擦，工作噪声小，使用寿命长。其中，齿形橡胶带多采用胶带中增加钢丝或合成纤维的方式，提高橡胶带的耐磨性。

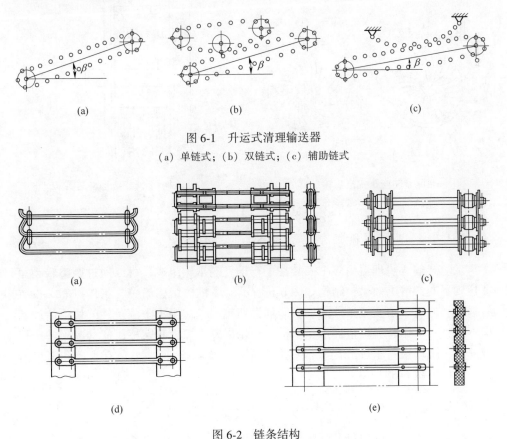

(a) (b) (c)

图 6-1 升运式清理输送器

(a) 单链式；(b) 双链式；(c) 辅助链式

(a) (b) (c)

(d) (e)

图 6-2 链条结构

(a) 钩形链；(b) 套筒链；(c) 套筒滚子链；(d) 平胶带；(e) 齿形橡胶带

6.1.2.2　旋转指盘式输送清理器

旋转指盘式输送清理器多采用金属杆条制成，结构近似圆盘，结构如图6-3所示。构成指盘的杆条端部（外圆周围）可做成封闭和非封闭两种。工作时，借助甜菜块根在旋转指盘中所受的离心力和摩擦力来完成甜菜块根的清理，利用栅条间的空隙和离心力的作用分离块根上的泥土和夹杂物，完成块根向后输送。

6.1.2.3　滚筒式输送清理器

滚筒式输送清理器的适应性强，清理效果好，可以完成不同土壤条件下的块根清理工作，结构如图6-4所示。该类机构多制成圆筒形，构成外壳的杆条间距可固定也可调整。对于双层外壳滚筒件可以依据块根的大小改变两层外壳间的相对转速，实现杆条间距的无级调整。

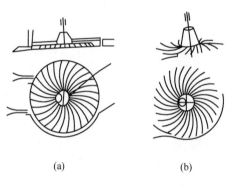

(a)　　　　　　　　(b)

图 6-3　旋转指盘式清理输送器

（a）封闭；（b）非封闭

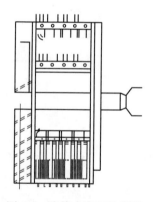

图 6-4　滚筒式清理输送器

6.1.2.4　爪轮式输送清理器

爪轮式输送清理器由多个安装在平行轴上的爪轮组成，可以通过调整转动速度达到不同的清土效果，结构如图6-5所示。该机构结构简单、工作可靠、没有易损件，但对干硬土壤条件的块根清理损伤较大，对湿重土壤条件的块根清理效果不理想。工作时，块根被爪轮抛扔，与轮齿发生撞击和摩擦，使其黏附的土块破碎，实现块根与土壤分离。常见的爪轮可分2~6个齿，齿角有直齿和弧齿两种。结构如图6-6所示。

6.1.2.5　螺旋辊式清理输送器

螺旋辊式清理输送器主要用于纵向过渡输送，多采用2个、4个或6个具有一定安装间隙的平行辊轴组成。每一对辊子形成一个通道，便于块根的输送和清

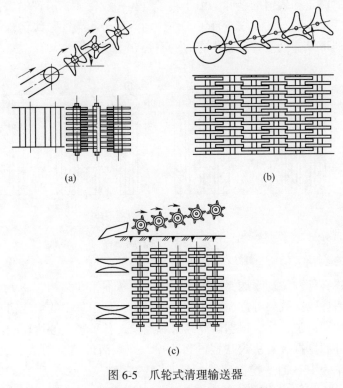

图 6-5 爪轮式清理输送器

（a）两爪式；（b）三爪式；（c）六爪式

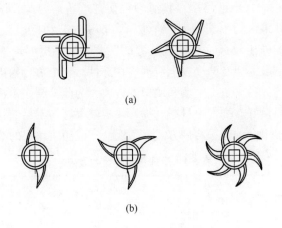

图 6-6 爪轮的结构形式

（a）直齿；（b）弧齿

理，结构如图 6-7 所示。工作时，螺旋辊轴绕自身轴线相对转动，借助辊子上的螺旋杆条清除泥土，扯掉残叶和杂质，实现块根的输送和归拢。在此期间，块根沿滚轴平行方向移动，利用其与螺旋辊子上的楔形或圆形螺杆条的相互摩擦，去除块根黏附的泥土和残留的茎叶。由于辊子直径相对较大，清理输送器的清土能力有限，不适于在潮湿的土壤条件下工作，通常用于甜菜的二级清理。带有光辊的清理输送器可以辅助清理块根中存有的石头和土块。

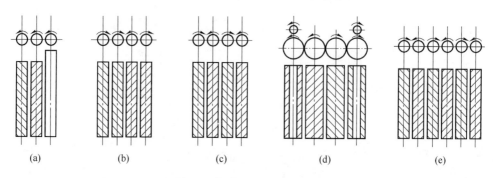

图 6-7　螺旋辊式清理输送器

（a）单槽三辊式；（b）单槽四辊；（c）双槽四辊式；（d）双槽六辊式；（e）三槽六辊式

综上所述，各种清理输送器适用不同的土壤条件，在结构、制造成本、对块根的损伤和清理输送效果等方面存在差异。目前，采用单一的输送清理装置很难有效地达到预期清理目标。根据研究结果和经验，各种装置的清理质量见表 6-1。通常土壤条件和挖掘装置决定块根的带土量，影响清理装置的清土效果。一般，当土壤含水率为 10% 时，挖掘装置的带土量约为 12%；含水量为 22% 时，带土量可达 50%。在实际应用中，当块根的含土量达 5%～10% 时，块根的损伤率达 8%～20%，即块根的含土量越小，其清理损伤越严重。因此，设计过程中，需要重点考虑甜菜收获地区的土壤种类、含水量、收获农艺和挖掘装置的作业类型等，实现清理装置与工作土壤条件、挖掘装置的匹配。为了更好地达到清理输送的效果，甜菜收获机一般需要有两个以上清理输送部件。一个负责松碎挖掘过程中甜菜块根携带的土块，另一个负责土壤和块根的分离。为此，结合本机械采用的圆盘式挖掘装置的挖掘质量好、携带土量小、提升块根效果好、不易缠挂杂草的特点，选定升运链与螺旋辊组合的输送清理方式，一次性完成甜菜块根的清理与输送。

表 6-1　清理分离装置的效果

清理分离装置类型		质　量		适合土壤	工作面相对水平面的倾斜角度
升运式清理输送器	单链式	低，主要筛去松土	低	中等密实，容易筛除不太湿的土壤	无传运齿的为 22°，带弯杆或传运齿的根据设计可达 40°
	双链式	适合要求	低，但比单链式高	中　等，难筛湿土	根据设计可达 50°
	辅助链式	适合要求	低，但比单链式高	中等密实，难筛分	5°～10°

清理分离 装置类型		质　　量		适合土壤	工作面相对水平面的 倾斜角度
旋转指盘 式清理输 送器	开式	合乎要求，不 能很好地筛去 松土	中等	中等密实，难 筛分比较坚实的 土壤	无传运齿可达 10°~16°
	闭式				有传运齿可达 22°~26°
滚筒式清理输 送器		合乎要求	中等	中等密实，不 论湿度如何	朝前仅 8°；滚筒内装配 翼片后，可达 8°~15°；朝 后为 5°~8°
爪轮式清理 输送器	两爪式	低，主要筛去 松土	低	中等潮湿	可达 16°
	三爪式	良好，筛土 良好	高，钢盘薄时 特别高	中等密实，湿 度影响不大	达 40°
	六爪式				
螺旋辊式清理 输送器		可筛除松土， 不能很好地分离 残叶	相对水平面的 角度或高低不同	中等坚实，不 过分潮湿	朝前可达 15°，最佳为 4°~8°

6.2　输送清理装置的结构及工作原理

输送清理装置位于挖掘装置和升运装置之间，是甜菜收获机的重要组成部分。其依据甜菜块根的几何尺寸和机械强度特征，采用杆式输送链和螺旋辊筒结构实现分离块根、土壤和杂草的目的。该装置借助甜菜块根与杆式输送链、螺旋圆钢间的摩擦，去除黏附在甜菜块根上的泥土，并完成甜菜块根的定向有序输送。输送清理装置主要包括杆式链输送器和螺旋辊筒清理器两部分。其结构如图6-8 所示。其中，杆式链输送器主要由杆式输送链、输送链轮等组成；螺旋辊筒清理器由螺旋圆钢、螺旋辊筒和钢辊等组成。工作时，含有甜菜块根的土壤混合物落入杆式输送器，并在输送器的转动下完成块根与土壤、茎叶和杂草的初步分离及块根的向后输送。块根在通过杆式输送器后方安置的螺旋辊筒时，随着缠绕在钢辊上的圆钢及钢辊的滚动被进一步清理，完成黏附土壤及残叶的清除。

6.2.1　杆式链输送器

杆式链输送器是主要的输送和清理部件，可以提高输送链与地面的水平倾角，达到较好的分离、输送和提升的效果。为了减少输送链中钩形杆间的配合干涉，从动链轮采用圆形外轮廓，能在一定程度上缓解输送链的张紧与松弛边载荷的变化。工作中，杆式输送链形成的包络轮廓线与输送链轮接触，在运动中存在多边形效应，且启动时抖动现象明显，可以辅助完成甜菜的清理工作。其性能与

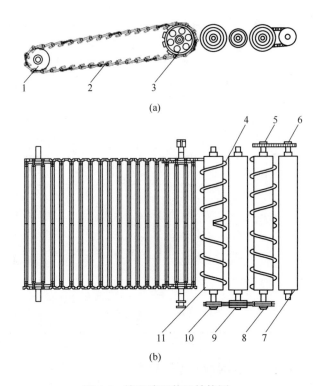

图 6-8 输送清理装置结构图

（a）主视图；（b）俯视图

1—输送链前轮；2—杆式输送链；3—输送链后轮；4—圆钢；5，6—链轮；7—钢辊；
8，10—皮带轮；9—张紧轮；11—螺旋辊筒

输送链的类型、钩形杆的间隙、输送链的线速度、机具的前进速度和块根的掉入状态等有关。结合甜菜的种植行距和栽培农艺特征，杆式链输送器采用 4 根弯杆和 1 根直杆交替挂接的方式增加杆式输送链的输送能力和碎土能力，可以将甜菜块根从输送的混合物中有效的分离出来，并防止块根滚落。钩形杆采用 65Mn 钢制成，结构如图 6-9 所示。输送链的线速度、倾角、节距和长度是杆式链输送器主要的性能参数，主要由输送器的结构、运动特征和甜菜块根的参数特征决定。

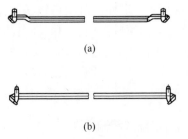

图 6-9 钩形杆结构图

（a）弯曲钩形杆；（b）直钩形杆

6.2.1.1 线速度

输送链的线速度是杆式链输送器的重要参数，决定了输送清理部件的工作质

量和平稳性，与机具的重量、前进速度和寿命等密切相关。通常随着线速度降低，输送链的耐磨性增强，使用寿命增高；随着线速度升高，输送链的耐磨性降低，清理效果提高，但对块根的损伤增加，易出现链条脱钩的不稳定情况。根据经验，输送器速度与机具的前进速度具有一定关系，且满足式（6-1）。

$$\lambda = \frac{v_p}{v_m} \tag{6-1}$$

式中　v_p——输送器的线速度，m/s；

　　　v_m——机具的前进速度，m/s。

一般，λ 取值为 0.8~2.5，而实际采用值往往大于理论值。目前，美国农业机械中的输送器的速度为 0.8~1.2m/s，欧洲的输送速度为 1.6~2.5 m/s；在干硬土壤条件下工作时，当输送线速度大于 2m/s 时，输送器的分离能力会下降；在塑性土壤条件中工作时，输送器的分离能力会随着输送线速度的增大而提高（输送线速度小于 4m/s）。结合经验，杆式链输送器的线速度取 1.6~2.0m/s 为宜。初步确定输送前轮直径为 160mm，输送链后轮的牙数为 10，齿宽为 20mm，分度圆直径为 210mm，转速为 154r/min。

6.2.1.2　倾角

输送链与地面的水平倾角决定了输送链的提升效果。一般，输送链的倾角为 22°~34°，且倾角越大输送链的清理效果越好，但会导致部分块根从输送器上滚落。结合机具的空间结构需要和甜菜块根平均质量大的特点，确定输送链与地面的倾角为 10°。

6.2.1.3　节距

输送链的节距主要由甜菜块根的物理参数（直径、长度和重量）、种植行距和栽培农艺决定。借鉴马铃薯等相近作物的输送机构，选择直径为 10mm 的圆钢制作长度为 1160mm 的钩形杆。杆式输送链的节距由甜菜的品种和块根尺寸确定。

$$L_1 = L_2 + D \tag{6-2}$$

式中　L_1——钩形杆的节距，mm；

　　　L_2——钩形杆的间隙，mm；

　　　D——钩形杆的直径，mm。

为了达到分离土壤和输送甜菜的目的，钩形杆的间隙 L_2 应小于甜菜块根的直径，确定为 55mm，则杆式输送链的节距为 65mm。

6.2.1.4　长度

输送链的长度决定了输送清理的路径，影响块根的分离效果和损伤程度。依据经验，链条分离土壤的能力并不与输送链的长度成正比。相反在甜菜块根的分离过程中，随着链条长度的增大，被分离后的块根会与杆条之间直接接触，造成一定的损伤。一般，土壤作为减少甜菜块根损伤的保护物，要求至少在输送链上保持 3/4 的长度。因此，增加输送链的长度对增加其分离土壤的能力并无显著效果和实际意义，一般输送链的输送长度不超过 1200mm。结合经验，初步确定输送链的有效输送长度为 950mm，输送链总长为 2480mm。

6.2.2　螺旋辊筒清理器

　　螺旋辊筒清理器是输送清理装置中的二级清理装置，具有分离和输送的作用。其由 2 个螺旋辊筒和 2 个钢辊交错配置而成，坚固耐用，但金属用量大，在潮湿土壤的工作环境中，对块根的分离能力差。工作时，螺旋辊筒清理器的辊轴绕自身转轴转动，对垂直于辊轴方向输入的块根进行清理和输送。块根在螺旋辊筒的螺旋圆钢和归拢挡板的共同作用下，实现黏附土壤、残叶的清理及块根的归拢。忽略螺旋辊筒和钢辊的直径差异，块根的近似工作状态如图6-10 所示。结合工作状况，选定长 1160mm的辊筒和钢辊配合工作。辊筒的直径、圆钢螺距、间隙、转速和钢辊的直径、转速是主要的参数，影响螺旋辊筒清理器的工作性能。各参数存在以下关系。

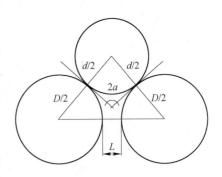

图 6-10　块根的工作状态

6.2.2.1　螺旋辊筒和钢辊的直径

　　螺旋辊筒直径决定了螺旋辊筒清理器的结构和金属用量，影响块根的清理效果。一般，螺旋辊筒直径越大，块根的清理效果越好，但无限制的增大会导致块根卡于滚筒之间，影响块根输送。根据经验公式，螺旋辊筒的直径应满足以下要求。

$$D = \frac{d\cos\alpha - l}{1 - \cos\alpha} \leqslant \frac{d\cos\varphi - l}{1 - \cos\varphi} \tag{6-3}$$

式中　D ——螺旋辊筒的直径，mm；

　　　α ——螺旋辊筒对甜菜块根的抓取角的一半，即过块根接触点的辊筒切线之间的夹角的一半，(°)；

　　　φ ——甜菜与金属的摩擦角，(°)；

　　　l ——辊筒的间隙，mm；

　　　d ——甜菜块根直径，mm。

在工作中，为了保证螺旋辊筒清理器的良好运转，防止甜菜块根卡于两辊轮的间隙之中，通常取 $\alpha > \varphi$，且 φ 为 $33° \sim 36°$，α 为 $45° \sim 65°$。同时，当 α 增大时，块根的损伤减小，相应的螺旋辊筒的直径变小，但螺旋辊筒的清理效果减弱。一般，螺旋辊筒的直径为 $100 \sim 200mm$，钢辊直径为 $75 \sim 140mm$。结合经验，初定螺旋辊筒的直径为 $140mm$。为了进一步提高块根的清理效果，采用钢辊直径为 $127mm$。

6.2.2.2 辊筒的间隙

为了保证残余茎叶和土壤顺利通过辊筒的间隙下落，同时避免甜菜块根被拉入或卡在辊筒间隙内，辊筒的间隙一般由螺旋圆钢的直径决定，且满足以下关系：

$$d_k \leqslant l \leqslant 2b_k + 5 \tag{6-4}$$

式中　d_k——螺旋圆钢直径，mm。

根据经验，通常螺旋辊筒直径为 $100mm$ 时，螺旋圆钢直径为 $10 \sim 12mm$；当螺旋辊筒直径为 $200mm$ 时，螺旋圆钢直径为 $15 \sim 20mm$。因此，初定螺旋圆钢的直径 d_k 为 $14mm$，则确定辊筒的间隙 l 为 $30mm$。

6.2.2.3 圆钢的螺距

圆钢的螺距与块根的几何尺寸和圆钢的直径有着必然的联系，影响着螺旋辊筒的清理效果和块根的输送方向和归拢效果。一般，辊筒的螺距应满足以下关系，且 $\beta > \varphi$。

$$l_k < s < \pi(D + d_k)\cot\beta \tag{6-5}$$

式中　l_k——块根的技术长度，mm；

　　　d_k——圆钢直径，mm；

　　　s——辊筒的螺距，mm；

　　　β——螺线升角，(°)。

结合甜菜物理几何尺寸和设计经验，初定确定螺线圆钢的螺距 s 为 $160mm$。

6.2.2.4 辊筒和钢辊的转速

辊筒的转速是螺旋辊筒清理器的重要工作参数。辊筒的转速可由式（6-6）确定。

$$n = \frac{60v}{\pi D} \tag{6-6}$$

式中　n——辊筒的转速，r/min；

　　　v——辊筒圆周的线速度，mm/s；

　　　D——螺旋辊筒的直径，mm。

　　通常，当转速增加时，清理效果提高，但块根损伤量增加。辊筒最佳圆周速度为 3~3.5m/s。由于螺旋辊筒清理器采用了螺旋辊筒和钢辊交叉的装配方式，有效降低了清理器对块根的损伤。因此，辊筒圆周的线速度可适当提高，选定辊筒的转速为 540r/min。为了保证辊筒和钢辊具有相同的圆周线速度，选定钢辊的转速为 486r/min。

6.3　杆式链输送器的运动学分析

　　杆式链输送器是甜菜联合收获机中重要的清理输送装置，是甜菜挖掘后的第一道工序，影响甜菜的收获流程和质量。在杆式链输送器运行时，杆式输送链做扰动性传动，容易造成链条运动不稳定和抖动，使得输送链和输送链轮处于冲击和脉动负荷的作用环境中。在啮合过程中，输送链和输送链轮之间存在相对摩擦和滑动，产生瞬时冲击，并产生较大的静载荷和动载荷，影响杆式链输送器的整体性能。研究输送链和输送链轮的相互作用，分析杆式输送链的多边形效应，探索主要结构参数间的关系及其对输送链动载荷等性能的影响，对提高杆式链输送器的工作稳定性具有重要的意义。

　　杆式输送链由多个钩形杆相续挂接而成。在运动过程中，输送链条与输送链轮的分度圆呈相切或相割的位置关系，且链条的线速度呈现周期性变化，具有明显的多边形效应。杆式链输送器结构及输送链速度分析如图 6-11 所示。设输送链轮分度圆半径为 r，齿数为 z，旋转角速度为 ω，链条间的铰接点在啮入输送链轮上的相位角为 α，根据速度分解关系，可得输送链的线速度满足式（6-6）。输送链的线速度与齿数、相位角的关系如图 6-12 和图 6-13 所示。

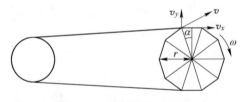

图 6-11　输送链速度关系

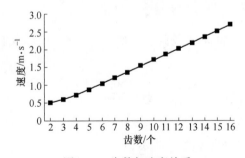

图 6-12　齿数与速度关系

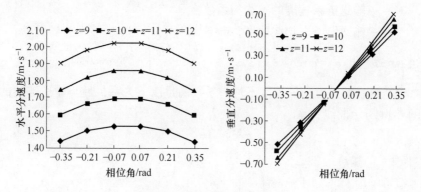

图 6-13　相位角与速度关系

$$\begin{cases} v = \omega r = \dfrac{P\omega}{2\sin\left(\dfrac{\pi}{z}\right)} \\[4mm] v_x = \omega r\cos\alpha = \dfrac{P\omega\cos\alpha}{2\sin\left(\dfrac{\pi}{z}\right)} \\[4mm] v_y = \omega r\sin\alpha = \dfrac{P\omega\sin\alpha}{2\sin\left(\dfrac{\pi}{z}\right)} \end{cases} \quad \begin{array}{c} z \geqslant 2 \\[2mm] -\dfrac{\pi}{z} \leqslant \alpha \leqslant \dfrac{\pi}{z} \end{array} \tag{6-7}$$

式中　v——输送链线速度，m/s；

　　　v_x——输送链前进方向的分速度，m/s；

　　　v_y——输送链垂直方向的分速度，m/s；

　　　P——输送链轮的节距，m。

在节距 P 一定的情况下，输送链线速度随着齿数的增加而增加，且齿数为 10~12 即可满足杆式链输送器线速度的适宜范围 1.6~2.0m/s。主动输送链轮虽然做等速转动，但输送链的前进或垂直方向线速度均为周期变化，且每转动一个链节，链条速度周期重复变化一次。在输送链的节距 P 一定的条件下，输送链的齿数越少，链条啮合的相位角范围越大，而输送链条速度的变化范围越小。由输送链的工作原理可知，输送链前进方向分速度 v_x 主要引起输送链中心距方向运动的忽快忽慢，影响输送链前进方向的运动平稳性和链条间的张紧程度；输送链垂直方向的分速度 v_y 使得链条上下运动，产生振动和噪声，对输送链的动量和冲击载荷影响较大。采用输送链条的瞬时速度的不均匀系数 K，表示输送链条速度的变化程度及其瞬时速度的不均匀性。

$$K = \frac{v_{\max} - v_{\min}}{v_{\mathrm{m}}} \tag{6-8}$$

式中　　K ——输送链条速度的不均匀系数；

　　　　v_m ——输送链条平均线速度，m/s。

当 $\alpha = \pm \dfrac{\pi}{z}$ 时，$v_x = \omega r \cos\left(\dfrac{\pi}{z}\right)$，$v_y = \pm \omega r \sin\left(\dfrac{\pi}{z}\right)$；当 $\alpha = 0$ 时，$v_x = \omega r$，$v_y = 0$。

因此，输送链在前进方向的速度不均匀系数满足以下关系，且与输送链轮的齿数存在图 6-14 所示曲线关系。

$$K_x = \frac{2\left[1 - \cos\left(\dfrac{\pi}{z}\right)\right]}{1 + \cos\left(\dfrac{\pi}{z}\right)} = 2\tan^2\left(\frac{\pi}{2z}\right), \qquad z \geqslant 2 \tag{6-9}$$

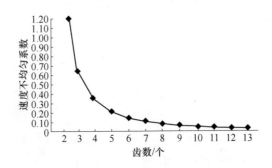

图 6-14　速度不均匀系数曲线

由图 6-14 可知，输送链轮的齿数越多，链条的速度不均匀系数越小，输送链运行越平稳。当链轮齿数大于 10 时，速度不均匀系数小于 0.05，在可控允许误差范围内。由输送链的线速度与链轮齿数、相位角的关系图可知，输送链速度随着齿数的增加而增大，且垂直方向的最大分速度值随着输送链的齿数的增加而增大。为了减少输送链的动量冲击，节省输送链轮的用料，输送链轮的齿数选择10 较为合适，与设计结果一致。

同理，输送链的加速度满足以下关系。输送链的加速度如图 6-15 所示。

$$\begin{cases} a_x = -\omega^2 r \sin\alpha = -\dfrac{P\omega^2 \sin\alpha}{2\sin\left(\dfrac{\pi}{z}\right)} \\[4mm] a_y = \omega^2 r \cos\alpha = \dfrac{P\omega^2 r \cos\alpha}{2\sin\left(\dfrac{\pi}{z}\right)} \end{cases} \quad z \geqslant 2 \tag{6-10}$$

式中　　a_x ——输送链前进方向的加速度，m/s^2；

　　　　a_y ——输送链垂直方向的加速度，m/s^2。

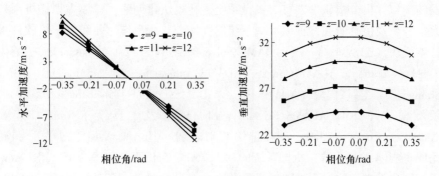

图 6-15　相位角与加速度关系

由以上公式及图可知，当 $\alpha = \pm\dfrac{\pi}{z}$ 时，$a_x = \mp\,\omega^2 r\sin\!\left(\dfrac{\pi}{z}\right)$，$a_y = \omega^2 r\cos\!\left(\dfrac{\pi}{z}\right)$；当 $\alpha = 0$ 时，$a_x = 0$，$a_y = \omega^2 r$。在节距一定的条件下，输送链轮的齿数越多，链条的加速度变化范围增大。

在周期性瞬时接触运行中，输送链的动载荷与链条的质量、加速度有关，且分别与链轮的节距成正比，与链轮转速的二次方成正比。由此可见，输送链轮的转速对输送链运行的平稳性影响较大，节距可依据作物的收获要求初步确定。

6.4　基于 ADAMS 的输送装置的动力学仿真

6.4.1　虚拟样机仿真技术

虚拟仿真技术，又称为虚拟模拟技术，是在网络通信技术、多媒体技术和计算机技术等信息科技迅猛发展的基础上，借助一个系统模拟或控制另一个真实系统的技术。它通过构建实体与虚拟环境的完整统一，来表现客观世界的真实特征，具有集成化、虚拟化与网络化的特征，是人类认识、改造和创造客观世界的一项具有通用性和战略性特点的新技术。20 世纪 90 年代，随着 CAX/DFX 和虚拟现实技术的发展，虚拟样机技术作为先进的数字化设计方法应运而生。它将先进的建模技术、仿真技术、信息技术、制造技术与运动学、动力学知识等融合为一体，应用于复杂系统的综合管理和产品设计之中。在产品的概念设计和方案论证过程中，设计人员通过虚拟样机技术既可分析机械产品的整体性能又可对相关问题重点解决，充分实现设计经验、想象力和创造力的良好结合和发挥。利用虚拟样机技术，可方便地通过计算机进行产品建模和修改，代替物理样机进行产品的设计、试验和测试，并可以进行各种工作状态的仿真，预测产品的性能和工作效果，有效减少开发成本和研发周期，提高产品的市场竞争力。

ADAMS（Automatic Dynamic Analysis of Mechanical Systems）是美国 MDI 公司

开发的虚拟样机分析软件，可对机械系统进行模块化创建，完成虚拟样机系统的动力学分析及仿真研究，预测机械系统的性能、载荷和作用曲线等。该软件主要由基本模块（ADAMS/View、ADAMS/Solver、ADAMS/Post Processor）、扩展模块（ADAMS/Vibration、ADAMS/Linear、ADAMS/Animation、ADAMS/Insight、ADAMS/Hydraulics 等）、接口模块（ADAMS/Flex、ADAMS/Controls、Mechanical/Pro 等）、专业领域模块（CSM、ADAMS/Driveline、EDM 等）及工具箱（Virtual Test Lab、ADAMS/Gear Tool 等）组成，建模能力相对较弱，但仿真精度高，可靠性较强，可完成多刚体（或柔体）机械系统的动力学分析与仿真。其中，ADAMS/View 采用了以用户为中心的交互式图形界面环境，有自己的 C++高级编程语言，主要用于前处理（建模、仿真和优化）；ADAMS/Solver 是重要的求解器，可对刚体和弹性体进行运动学、静力学和动力学解算，是 ADAMS 系列产品中处于心脏地位的仿真模块；ADAMS/Post Processor 主要应用于仿真结果的数据处理，具有较强的绘图曲线和仿真动画的功能，可将仿真结果转化为动画和表格，能够生动地反映模型的特性。

6.4.2　输送装置动力学虚拟模型的建立

6.4.2.1　杆式链输送器模型建立

在保证输送器运动和力学特性的基础上，采用 Soildworks 软件构建输送器模型，另存为 *.x_t 文件。为了提高仿真速度，简化输送器模型，并将模型导入 Adams，设置工作环境和模型物理量单位。导入模型及参数设置如图 6-16 和图 6-17 所示。根据第 3 章建立的甜菜物理几何模型，绘制甜菜块根模型，另存为 .x_t 格式，并导入到已经建好的输送器模型中。在模型中，结合实际工作情况，增设添加质量、运动副、接触及驱动。依据第 3 章测得的甜菜特性数据和马铃薯等相近作物特性，设定甜菜块根的质量属性，如图 6-18 所示。设定导入的输送器零部件材料为刚体，质量属性为钢。在杆式输送器的前后输送链轮质心与两转轴之间分别添加固定副，并选择两个物体一个连接点，使两根轴与输送链轮同步转动。同时，在两个链轮中心创建与转轴之间的旋转副。由于钩形杆由链轮带动运动，所以在钩形杆与 4 个链轮之间添加接触副，同时钩形杆之间也添加接触副。参数添加界面如图 6-19 所示。甜菜块根与输送链之间添加接触，具体参数见表 6-2。输送器的输送链后轮为主动轮，为输送链的运动提供动力；输送链前轮为从动轮，只起导向作用。因此，根据需要在输送链轮中心处施加一个速度型驱动。经模型自检，验证建立的虚拟模型合理，可以进行后续作业的仿真分析。仿真模型及自检结果如图 6-20 和图 6-21 所示。

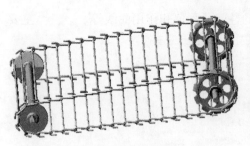

图 6-16　输送器模型

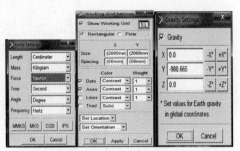

图 6-17　参数设置

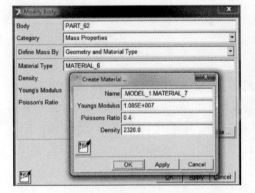

图 6-18　甜菜质量属性

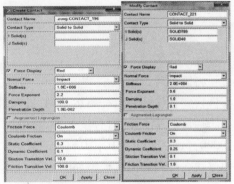

图 6-19　接触选项

表 6-2　接触参数

材料 1	材料 2	刚度系数 /N·mm^{-1}	阻尼系数 /Ns·mm^{-1}	指数	渗透深度 /mm	静临界速度 /mm·s^{-1}	动临界速度 /mm·s^{-1}	静摩擦系数	动摩擦系数
钩形杆	输送链轮	100000	200	0.8	0.1	0.1	10	0.12	0.1
钩形杆	钩形杆	100000	50	0.7	0.1	0.1	10	0.12	0.1
甜菜	钩形杆	20000	1	0.6	0.1	0.1	10	0.3	0.25

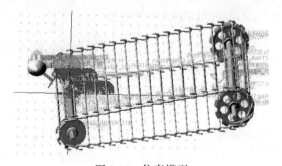

图 6-20　仿真模型

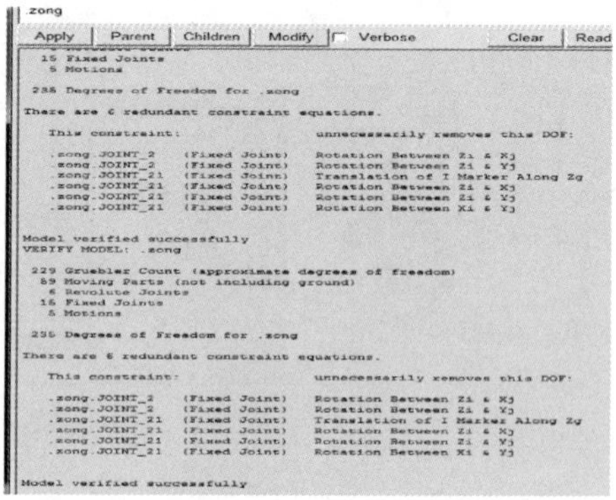

图 6-21　模型自检

6.4.2.2　输送装置模型建立

将简化后的输送装置的 ∗.X_T 文件导入 ADAMS 软件，并添加约束关系。零件设置工作环境及杆条运动副、接触如 6.4.2 节所述。在二级输送辊筒与钢辊各添加旋转副，并结合实际接触情况添加甜菜与输送辊轮的接触参数：$K=20000$，$e=0.8$，$C=10$，$D=0.1$，$v_s=0.1$，$v_d=10$，mus$=0.3$，mud$=0.25$。经添加驱动，得到的仿真模型如图 6-22 所示。

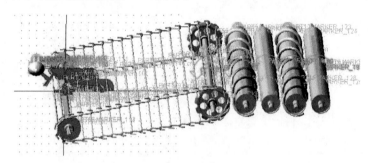

图 6-22　仿真模型

6.4.3　甜菜抛送速度对输送器输送效果的影响

甜菜落入输送器的速度与抛送轮的转速、抛送轮材质和甜菜碰撞结果等有关，在一定程度上影响着输送器的运动情况。结合挖掘装置的空间结构及其与抛送装置的相对位置关系，假设甜菜块根与抛送装置碰撞接触后获得抛送轮 50% 的速度，并以与水平线成 10° 的方向上抛。为了避免输送器启动波动对仿真结果的影响，用脚本函数设置甜菜在仿真开始 0.6s 后（0.6s 后输送链运动基本平稳）以设置的初速度落入输送链。启用重力，设置仿真时间为 1.0s，仿真步长为 10000 步，并选用 I3 求解器进行动力学仿真。设定输送链前轮中心为坐标圆点，前进方向的反方向为 X 正向，垂直水平面的为 Y 正向，在输送器的转速为 540r/min 的条件下，研究抛送轮转速分别为 160r/min、170r/min、180r/min、190r/min 和 200r/min 时，甜菜输送及输送器的受力情况。设定 X、Y、mag 分别为仿真因素的水平分量、垂直分量和合量。qianlun、houlun 分别代表前后输送链轮。甜菜的位移、速度和加速度的曲线如图 6-23～图 6-25 所示。输送器前后轮质心受力曲线如图 6-26 所示。甜菜下落位置及输送链轮质心受力见表 6-3。

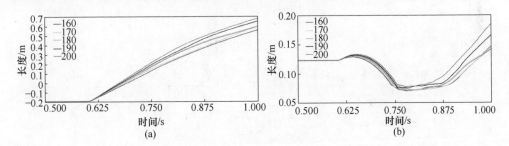

图 6-23　甜菜质心位移曲线

（a）水平位移；（b）垂直位移

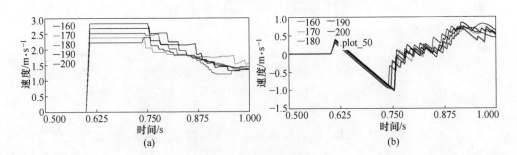

图 6-24　甜菜速度曲线

（a）水平速度；（b）垂直速度

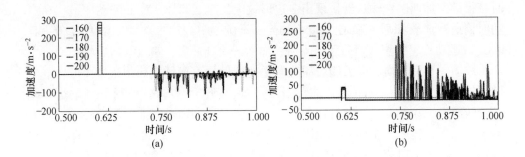

图 6-25　甜菜加速度曲线

（a）水平加速度；（b）垂直加速度

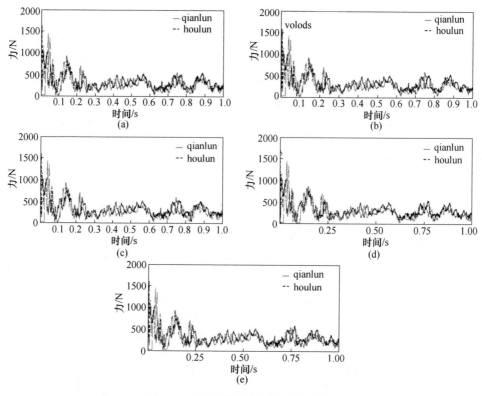

图 6-26　输送器前后轮质心受力曲线

（a）抛送轮转速 160r/min；（b）抛送轮转速 170r/min；（c）抛送轮转速 180r/min；

（d）抛送轮转速 190r/min；（e）抛送轮转速 200r/min

由图 6-23 ~ 图 6-26 可知，随着甜菜抛送速度的提高，甜菜落入输送器的位置逐渐靠近后输送链轮；在 0.75s 左右甜菜块根与输送器接触碰撞，约 0.875s 后甜菜状态稳定并获得与输送器相似的运动；甜菜与输送器接触碰撞后获得的加速度随机性较强，与甜菜抛送速度和碰撞位置有关，在甜菜抛送轮转速为 190r/min 时获得最大加速度；输送器呈现出多边形效应，速度和加速度的波动明显；在启动时输送器前轮和后轮质心受力不稳定，分别为 1427.729N 和 1629.417N，且 0.6s 后运动趋于平稳；当甜菜落入后，输送器受到冲击，输送器前后轮质心受力产生波动，且后轮质心受力随着甜菜抛送速度的提高而增大。由表 6-3 可知，当抛送轮转速大于 170r/min 时，甜菜落入位置合理，可以保证块根顺利输送；抛送轮转速为 170r/min、180r/min 时，甜菜落入状况和输送器前后轮质心受力差别不大；抛送轮转速为 190r/min 时，甜菜落入两输送链杆之间，质心垂直位移相对减小，减缓了甜菜与输送器间的冲击，使得输送链前轮质心受力降低较大。综合以上分析，结合甜菜的抛送要求和输送器的实际工作运行情况，确定抛送装置的转速为 180r/min。

表 6-3 甜菜落入状态及输送链轮受力情况

项 目		抛送轮转速/r·min⁻¹				
		160	170	180	190	200
甜菜状况	抛送速度/m·s⁻¹	2.25	2.4	2.55	2.7	2.85
	落入位置/m	$X=0.0987$	$X=0.1331$	$X=0.1554$	$X=0.1999$	$X=0.2196$
		$Y=0.0821$	$Y=0.0801$	$Y=0.0824$	$Y=0.0782$	$Y=0.0832$
	落入时间/s	0.7376	0.7435	0.7445	0.7505	0.7519
	最大加速度/m·s⁻²	$X=88.25$	$X=99.23$	$X=99.52$	$X=153.65$	$X=128.83$
		$Y=196.59$	$Y=227.27$	$Y=229.98$	$Y=291.05$	$Y=258.49$
输送链轮	前轮质心力/N	562.976	608.692	599.517	519.918	556.230
	后轮质心力/N	513.754	534.495	534.761	558.469	592.516

注：落入位置为甜菜接触输送链时甜菜质心相对于输送链前轮中心的位移；落入时间为仿真开始到甜菜接触输送器所需时间；最大加速度为甜菜在下落接触输送器后获得的瞬间最大加速度。

6.4.4 输送器转速对甜菜输送效果的影响

输送器转速是输送器的主要运动参数，影响甜菜落入输送器后的运动状况和输送器的输送性能。在甜菜抛送转速为 180r/min 的条件下，研究输送器转速对甜菜输送效果的影响具有重要的意义。首先启用重力，设置仿真时间为 1.3s，仿真步长为 13000 步，选用 I3 求解器，分析输送器转速为 134r/min、144r/min、154r/min、164r/min 和 174r/min 时，甜菜输送效果及输送器链轮的受力情况。设定 X、Y、mag 分别为仿真因素的水平分量、垂直分量和合量。qianlun、houlun 分别代表前后输送链轮。甜菜的位移、速度和加速度的曲线如图 6-27~图 6-29 所示。输送器前后轮质心的受力曲线如图 6-30 所示。输送链轮质心受力情况及甜菜离开输送器的状态见表 6-4。

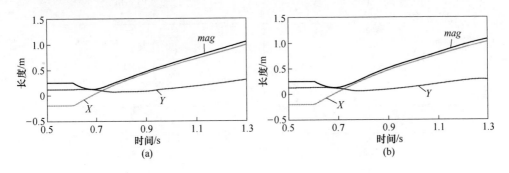

(a)   (b)

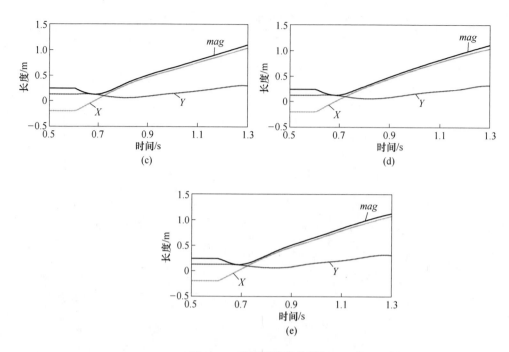

图 6-27　甜菜的位移曲线

（a）输送器转速为 134r/min；（b）输送器转速为 144r/min；（c）输送器转速为 154r/min；

（d）输送器转速为 164r/min；（e）输送器转速为 174r/min

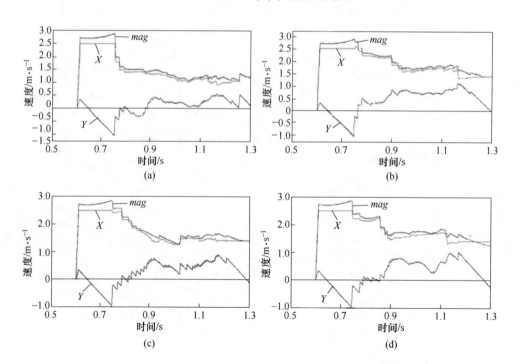

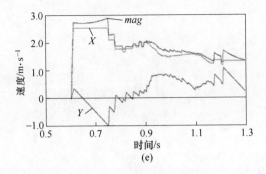

(e)

图 6-28 甜菜的速度曲线

（a）输送器转速为 134r/min；（b）输送器转速为 144r/min；

（c）输送器转速为 154r/min；（d）输送器转速为 164r/min；

（e）输送器转速为 174r/min

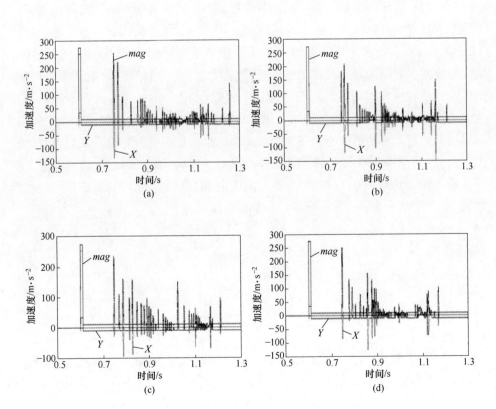

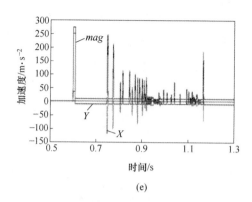

(e)

图 6-29　甜菜的加速度曲线

（a）输送器转速为 134r/min；（b）输送器转速为 144r/min；（c）输送器转速为 154r/min；
（d）输送器转速为 164r/min；（e）输送器转速为 174r/min

由图 6-27～图 6-30 可知，仿真 7.5s 时，甜菜落入输送器，落入位置一致（$X=0.1554$，$Y=0.0824$），落入和离开输送器的时间点较为明确，且输送时间随着输送器转速的提高而减小；甜菜的速度、加速度曲线波动明显。当输送器转速为 134r/min 时，甜菜速度曲线整体平缓；在输送器转速为 154r/min 的条件下，甜菜速度曲线后段平缓，且甜菜输送速度相对稳定。由甜菜的加速度曲线可知，随着输送器转速的提高，甜菜获得稳定的加速度的所需时间减少；在输送器转速为 144r/min 和 154r/min 的条件下，甜菜块根落入和离开输送器时的加速度较小，对输送器的运动扰动影响小。在整个输送器的运动过程中，链轮质点受力变化较大，且变化周期随着输送器转速的提高而缩短，影响了输送器的运动平稳性。在甜菜落入输送链瞬间，后轮质心受力大于前轮，且随着输送器转速的提高而增大。

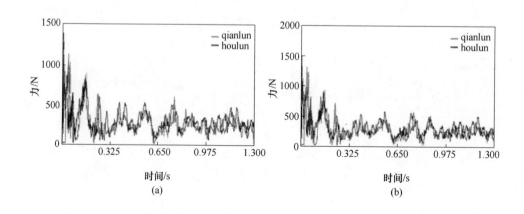

(a)　　　　　　　　　　　　　　　　　(b)

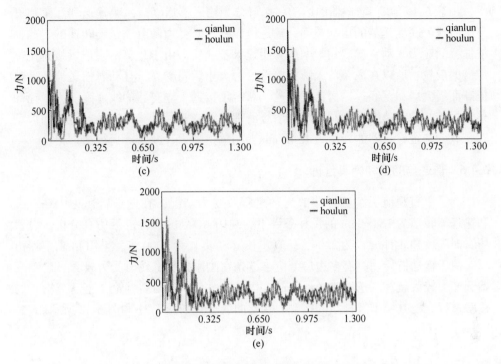

图 6-30 输送器前后轮质心受力

（a）输送器转速为 134r/min；（b）输送器转速为 144r/min；（c）输送器转速为 154r/min；

（d）输送器转速为 164r/min；（e）输送器转速为 174r/min

表 6-4 输送链轮受力及甜菜飞离状态

项　目		输送器转速/r·min⁻¹				
		134	144	154	164	174
输送链理论线速度 /m·s⁻¹		1.47	1.58	1.69	1.80	1.91
输送器开始运动时	前轮受力/N	1131.4	1319.1	1473.4	1533.1	1600.5
	后轮受力/N	1384.4	1500.4	1671.2	1800.3	1880.5
甜菜落入输送器时	前轮受力/N	607.5	569.3	547.9	496.0	485.9
	后轮受力/N	302.4	283.1	256.8	243.4	213.6
甜菜离开输送器时	合速度/m·s⁻¹	1.33	1.54	1.61	1.73	1.79
	水平速度/m·s⁻¹	1.21	1.34	1.39	1.41	1.44
	竖直速度/m·s⁻¹	0.56	0.76	0.81	1.01	1.07
甜菜离开输送器的时间点/s		1.261	1.214	1.193	1.171	1.109
甜菜输送时间/s		0.511	0.464	0.443	0.421	0.359

　　由表6-4可知，输送器的运动状态可分为输送器启动、甜菜输送和甜菜离开三个阶段。在输送器的启动瞬间，输送链轮的质心受力随着输送器转速的提高而增加；后轮为主动轮，启动瞬间受力明显大于前轮。由于甜菜落入位置接近于输送链的前轮，所以在甜菜落入瞬间前轮受力大于后轮受力，且随着输送器转速的提高而增大。甜菜经过输送器的输送，获得了接近于输送器的线速度。为了让甜菜获得较好的线速度，顺利地落到下级清理装置，并尽量减少输送器链轮的波动和受载，选定输送器的转速为154r/min，与输送器设计及实际运行结果相符。

6.4.5　输送器的运动仿真分析

　　为了更直观地了解输送器的运动过程及受力情况，在抛送转速为180r/min和输送器转速为154r/min的设计条件下，利用ADAMS软件进行仿真分析。设置仿真时间（End Time）为2.0s，仿真步长（Steps）为2000步，采用I3求解器仿真。由于输送链传动具有多边形效应，链条在刚刚接触链轮时受力较大，启动开始会产生较大震荡。选取输送器上的8根杆条，分析其与后链轮（主动链轮）的接触过程。仿真模型及杆条的接触力变化曲线分别如图6-31和图6-32所示。

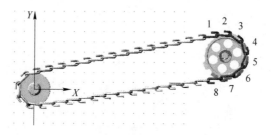

图 6-31　仿真模型

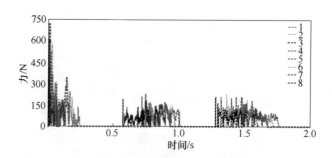

图 6-32　杆条的接触力变化曲线

　　由图6-32可知，杆条的传动周期约为1.5s。启动瞬间，杆条与后链轮（主动轮）接触的接触力较大，并随着链轮的转动趋于稳定。其中，3号杆条位置的接触力最大，约为726.404N。在杆条与链轮接触传动的过程中，由于链轮的多边形效应，杆条的接触力波动明显，约0.6s后链条运动趋于平稳，接触力也达到稳定。0.585s 后 8 号杆条最先接触前轮，并产生接触力；1s 后 1 号杆条离开前轮，所有杆条脱离从动链轮，杆条的接触力消失；1.2583s 后杆条开始依次接触主动链轮，接触力突然增大，但基本稳定。

结合链传动的受力特点及工作原理可知，链条在传动过程中处于一张一弛的小幅抖动状态。由于链轮与杆条间摩擦力的存在，两个链轮存在一定的运动差异。测量得到前后链轮的角速度、转矩图及功率如图 6-33~图 6-35 所示。因为后链轮为驱动轮，则后轮角速度稳定为 924°/s，后轮最大扭矩为 238N·m，稳定后平均转矩为 6N·m。前轮为从动轮，受到启动冲击的影响，前轮角速度产生波动，最大角速度为 1457°/s，最后稳定在 1150°/s 左右；前轮最大扭矩为 6.28N·m，平均转矩为 0.6N·m；前后轮运转稳定后的角速度比（为 1.25）小于理论角速度比值（为 1.31）。由此可见，后轮角的速度、扭矩和功率明显大于前轮。前轮（从动链轮）相对后轮（主动链轮）的运动平稳，且与输送链之间存在一定的打滑现象，可缓解输送链的张紧边载荷的差异，提高输送器的使用寿命。

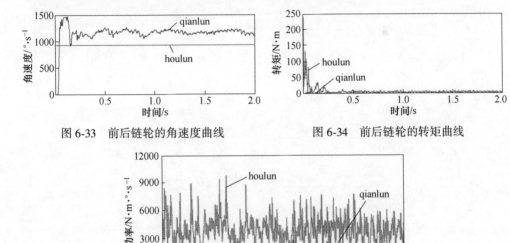

图 6-33　前后链轮的角速度曲线　　　　图 6-34　前后链轮的转矩曲线

图 6-35　前后链轮的功率曲线

6.4.6　输送装置的运动仿真分析

取抛送转速为 180r/min，输送器转速为 154r/min，利用 ADAMS 软件，直观分析输送装置的运动过程和甜菜的输送情况。设置仿真时间（End Time）为 2.0s，仿真步长（Steps）为 3000 步，采用 I3 求解器仿真。设定 X、Y、mag 分别为仿真因素的水平分量、垂直分量和合量。任意输送杆质心的位移、速度和加速度曲线如图 6-36~图 6-38 所示；甜菜块根质心的位移、速度和加速度曲线如图 6-39~图 6-41 所示。

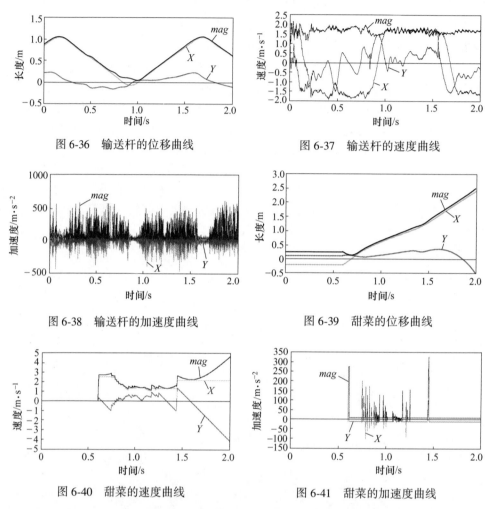

图 6-36　输送杆的位移曲线　　　　　图 6-37　输送杆的速度曲线

图 6-38　输送杆的加速度曲线　　　　图 6-39　甜菜的位移曲线

图 6-40　甜菜的速度曲线　　　　　　图 6-41　甜菜的加速度曲线

由图 6-36~图 6-38 可知，输送杆运动呈周期性变化，周期约为 1.6s，且在运动初期速度和加速度波动较大。0.1025s 前，输送杆沿着 X 正向运动；0.1025~0.2285s，输送杆逐步与输送链后轮啮合，运动方向发生改变，此时速度和加速度波动比较大；0.2285~0.8347s，输送杆到达输送链后轮的下方，并沿着 X 轴负方向运动；0.8347~1.01s，输送杆进入输送链前轮，速度方向发生变化，受前轮光面外形的影响，输送杆加速度变化较小；1.01~1.6067s，输送杆沿着 X 正向运动，速度和加速度波动相对前期平缓，运动相对平稳。经仿真曲线及仿真视频可得，输送杆与输送链后轮啮合时存在多边形效应，运动基本符合正余弦曲线规律，X 方向运动相对 Y 方向平稳；0.6711s 左右输送杆整体运动趋于稳定，运动呈周期性变化；输送速度约为 1.633m/s，符合输送要求。

由图 6-39~图 6-41 的曲线可知，甜菜在 0.6s 后释放，约在 0.745s 与一级杆式输送器接触,约 1.190s 后进入二级螺旋辊筒清理器,1.447s 左右脱离输送装置。在甜菜的输送过程中,甜菜随着输送机构向后运动,在 X 方向的位移变化要大于 Y 方向的变化,整个过程甜菜输送顺畅,能够得到稳定输送。0.6s 前甜菜位移恒定,速度和加速度为 0,则甜菜处于相对静止状态;0.6~0.745s 为甜菜的抛送阶段,甜菜 X 方向速度没有变化,在 0.745s 处甜菜与输送装置接触获得较大的加速度;0.745~1.190s 为一级输送阶段,甜菜块根主要受到杆条的作用,运动稳定后与输送杆条状态相仿,且输送速度变化稳定、波动相对较小,加速度数值波动较大;1.190~1.447s 为二级输送阶段,甜菜速度变化较大,说明在输送过程中甜菜与滚筒之间发生了明显的相对运动;在 1.190~1.447s 期间甜菜的 X 方向的速度不变,且 1.447s 处速度发生突变,说明甜菜在前期脱离输送器,在 1.447s 时与输送器接触碰撞,并获得一定的速度。

由表 6-5 可知,甜菜落入和离开输送器时,Y 方向位移改变不大,运动相对平稳,通过整个输送装置约为 0.702s。在落入一级输送装置时,甜菜的速度斜向下且与 X 正方向成 28.61°,并受到杆式链给予斜向上的作用力,且与 X 正方向成 121.41°;在离开一级输送装置时,甜菜的速度斜向上且与 X 正方向成 21.43°,受到杆式链给予斜向上的作用力,且与 X 正方向成 89.29°;离开二级输送装置时,甜菜的速度斜向上且与 X 正方向成 32.02°,受到杆式链给予斜向上的作用力,且与 X 正方向成 71.49。经输送装置的两级清理输送,甜菜离开输送装置的加速度及速度分别为 337.3729m/s^2 和 2.6515m/s。

表 6-5 甜菜的输送情况

项 目	位移/m	速度/m·s^{-1}	加速度/m·s^{-2}	时间/s
落入一级输送装置状态	$X=0.1581$	$X=2.4501$	$X=-20.5237$	0.745
	$Y=0.0821$	$Y=-0.9618$	$Y=193.2842$	
	$mag=0.1971$	$mag=2.8712$	$mag=199.4874$	
离开一级输送装置状态	$X=0.8524$	$X=1.3958$	$X=81.8933$	1.190
	$Y=0.2447$	$Y=0.7614$	$Y=134.0947$	
	$mag=0.8952$	$mag=1.6132$	$mag=150.2788$	
离开二级输送装置状态	$X=1.2423$	$X=2.1881$	$X=105.2014$	1.447
	$Y=0.2663$	$Y=1.3681$	$Y=314.2158$	
	$mag=1.2283$	$mag=2.6515$	$mag=337.3729$	

6.5 本章小结

(1) 通过对现有输送和清理装置的结构及特点进行对比分析,结合甜菜收获地区的土壤状况及挖掘装置工作的特点,设计了升运链与螺旋辊组合的输送清理装置。该装置可以一次完成甜菜块根的清理和输送工序，具有提升块根效果好，不易缠挂杂草的特点。

（2）简述了输送清理装置的工作原理及结构，分别确定了杆式输送器及螺旋辊筒清理器的参数关系及范围。初步确定输送链线速度为 1.6~2.0m/s，倾角为 10°，节距为 65mm，输送长度为 950mm，输送链总长为 2480mm；输送链轮齿宽为 20mm，牙数为 10，分度圆直径为 210mm，转速为 154r/min；输送前轮直径为 160mm；螺旋辊筒的直径为 140mm，钢辊直径为 127mm；螺旋圆钢的直径为 14mm，辊筒间隙为 30mm，螺线圆钢的螺距为 160mm，辊筒的转速为 540r/min，钢辊的转速为 486r/min。

（3）杆式链输送器是甜菜联合收获机的重要的清理分离装置，影响甜菜的收获质量。结合杆式链输送器的运动特性，分析了杆式输送链的多边形效应，研究了输送链和输送链轮的相互作用，得到了输送链的速度、加速度与输送链轮参数（齿数、角速度等）之间的关系。从理论上确定了输送链轮的齿数为 10，并结合动力学理论指出输送链轮的转速对输送链运行的平稳性影响较大，节距可依据作物的收获要求初步确定。

（4）基于虚拟样机仿真技术和 ADAMS 软件，分析了甜菜抛送速度和输送器转速对甜菜输送效果的影响。结合甜菜块根的落入位置和输送器的受力及平稳特点，确定抛送装置的最佳抛送转速（为 180r/min）和输送转速（为 154r/min）。借助仿真分析得知，两个链轮存在一定的运动差异，后轮角的速度、扭矩和功率明显大于前轮的；前轮（从动链轮）相对后轮（主动链轮）运动平稳，并与输送链存在接触滑移。通过分析甜菜和输送杆在输送过程中的运动曲线及特性，初步确定输送杆的输送速度约为 1.633m/s，甜菜块根脱离输送器的加速度为 337.3729m/s^2，速度为 2.6515m/s。

7 甜菜联合收获机的田间工作性能试验及改进

田间作业性能试验是农业机械装备设计和研究中常用的方法，是验证和检测农机具作业性能的重要手段和方式，是发现不足和改进设计的重要过程。本章采用农业机械试验设计方法，对样机的收获作业性能进行田间测试，为后期甜菜收获机的改进提供依据和参考。

7.1 田间工作性能试验

7.1.1 试验目的

田间作业性能是农机具产品质量的重要指标之一。通过田间试验重点检验甜菜收获机的性能和稳定性，达到以下目的：

（1）考察收获样机整体配置的合理性及田间使用的适应性；

（2）检验样机关键技术参数和结构设计的可靠性；

（3）考核机具工作的稳定性和收获作业效果；

（4）发现样机使用问题，并进一步提出改进意见。

7.1.2 试验设备及方法

试验设备包括甜菜联合收获机、TJSD-750Ⅱ型土壤紧实度仪（杭州托普仪器有限公司）、DHG-9123A型电热恒温鼓风干燥箱（上海精宏实验设备有限公司）、YB电子天平（上海海康电子仪器厂）、游标卡尺、卷尺、杆秤、标杆和环刀等。

参照《土壤水分测定法》（NY/T 52—1987），并利用DHG-9123A型电热恒温鼓风干燥箱、取土环刀和TJSD-750Ⅱ型土壤紧实度仪等工具，测得田间土壤状况。依据《农业机械试验条件测定方法的一般规定》（GB/T 5262—2008），对切顶后甜菜的田间状况进行抽样调查，测定收获时甜菜块根的田间状况。选用配套动力为东方红40马力的拖拉机，作业速度为Ⅱ挡，进行收获作业。参照《甜菜收获机械试验方法》（JB/T 6276—2007）和《甜菜收获机作业质量》（NY/T 1412—2007），选择一个20m长的作业宽幅面积为取样单元，在合理的工作参数条件下，测定和计算甜菜块根的损失率、黏土率、折断率、损伤率和含杂率。

7.1.3　试验条件及评价指标

选择"KWS3148"双行移栽甜菜试验田（河北省张家口市张北县小二台村和工会镇落花营村）进行收获试验。小二台试验田为壤土，土壤含水率为11.30%，容重为2.17g/cm³，土壤平均硬度为1924MPa；甜菜行距为600mm，株距为310mm，垄高为110mm，块根偏离行中心线平均距离19mm，甜菜块根地上高度平均为57mm，块根长度平均为180mm，平均重量为1735g，最大直径为118mm。落花营村试验田的土壤为壤土，含水率为9.0%，容重为1.48g/cm³，土壤平均硬度为1794MPa；甜菜行距为600mm，株距为330mm，垄高为100mm，块根偏离行中心线平均距离为23mm，甜菜块根地上高度平均为73mm，块根长度平均为198mm，平均重量为1911g，最大直径为141mm。田间状况如图7-1所示。

（a）　　　　　　　　　　　　（b）

图7-1　田间试验状况

（a）小二台；（b）落花营

依据《甜菜收获机械试验方法》（JB/T 6276—2007）和《甜菜收获机作业质量》（NY/T 1412—2007），选用甜菜收获中的损失率、黏土率、折断率、损伤率和含杂率考察收获机的作业质量和工作性能。相关定义及专业术语如下：

（1）块根损伤。在挖掘、清理和输送过程中，块根有明显断裂、穿孔或根体大于1/3处折断。

（2）块根折断。在块根根体横断面直径大于1cm以上至根体1/3处折断。

（3）漏挖损失。挖掘机工作时未挖掘出的块根。

（4）埋藏损失。捡拾机构工作后，埋在土壤中的块根。

（5）块根损失。漏挖损失、埋藏损失和经过捡拾、清理、输送过程损失的块根总和。

评价指标计算方法如下：

(1) 块根损失率。在测定区内分别收集漏挖、埋藏和捡拾输送损失的块根及机器收获到的块根，并清除全部杂质（块根表面和群体中含有的土、砂、石、草、其他作物的茎叶、甜菜叶、未按标准修削的青头、不足 1cm 粗的尾根、叉根，以及 100g 以下的小块根等），分别称出净质量，计算出漏挖率、埋藏率、捡拾输送损失率和块根损失率。

$$G_l = \frac{G_{lz}}{G} \times 100\%$$

$$G_m = \frac{G_{mz}}{G} \times 100\%$$

$$G_q = \frac{G_{qz}}{G} \times 100\%$$

$$G_z = \frac{G_{lz} + G_{mz} + G_{zz}}{G} \times 100\%$$

$$G = G_{lz} + G_{mz} + G_{qz} + G_{zz}$$

式中　G_l，G_m，G_q，G_z——分别为漏挖率、埋藏率、捡拾输送损失率和块根损失率，%；

G_{lz}，G_{mz}，G_{qz}，G_{zz}——分别为漏挖块根、埋藏块根、捡拾输送损失块根和收获块根质量，kg；

G——块根总质量，kg。

(2) 块根黏土率。在测定区内，将机具挖掘收获到的甜菜块根称出质量，清理块根上黏附的土壤并称出泥土质量，按照公式计算块根黏土率。

$$G_n = \frac{G_{nt}}{G_{ng}} \times 100\%$$

式中　G_n——块根黏土率，%；

G_{nt}——泥土质量，kg；

G_{ng}——黏土块根质量，kg。

(3) 块根折断率。在测定区内，将机具挖掘收获到的块根除去杂质（块根表面和群体中含有的土、砂、石、草、其他作物的茎叶、甜菜叶、未按标准修削的青头、不足 1cm 粗的尾根、叉根，以及 100g 以下的小块根等），称出块根净质量，再从块根中选出折断的块根称出质量，按照公式计算块根的折断率。

$$G_d = \frac{G_{ds}}{G_{zz}} \times 100\%$$

式中　G_d——块根折断率，%；

G_{ds}——折断的块根质量，kg；

G_{zz}——块根净质量，kg。

（4）块根损伤率。在测定区内，将机具挖掘收获到的块根除去杂质（块根表面和群体中含有的土、砂、石、草、其他作物的茎叶、甜菜叶、未按标准修削的青头、不足1cm粗的尾根、叉根，以及100g以下的小块根等），称出块根净质量，再从块根中选出损伤的块根称出块根质量，按照公式计算块根的损伤率。

$$G_s = \frac{G_{sz}}{G_{zz}} \times 100\%$$

式中　　G_s——块根损伤率，%；

　　　　G_{sz}——损伤的块根质量，kg。

（5）块根含杂率。将测定区内机器收获到的全部样品称出质量，并对收获到的块根除去杂质（块根表面和群体中含有的土、砂、石、草、其他作物的茎叶、甜菜叶、未按标准修削的青头、不足1cm粗的尾根、叉根，以及100g以下的小块根等），称出杂质质量，按照公式计算块根的含杂率。

$$G_h = \frac{G_{ht}}{G_{hs}} \times 100\%$$

式中　　G_h——块根含杂率，%；

　　　　G_{ht}——杂质总质量，kg；

　　　　G_{hs}——全部样品总质量，kg。

7.1.4　田间试验结果及分析

依据试验方法测得甜菜收获机的性能参数见表7-1。工作状况如图7-2所示。在试验过程中，样机收获工作顺畅，挖掘深度可以根据工作条件调整，能够一次性完成甜菜块根的挖掘、清理、输送、收集和堆积等收获任务。收获田间效果和性能指标基本达到了国家规范要求。

表7-1　甜菜联合收获机性能参数

地点	序号	损失率/%	黏土率/%	折断率/%	损伤率/%	含杂率/%
小二台	1	0.00	1.30	1.90	5.80	6.20
	2	1.40	0.90	2.50	3.30	8.20
	3	0.00	1.20	1.70	2.70	6.70
	4	1.10	1.50	2.20	4.10	4.10
	5	0.00	1.10	2.30	3.37	3.10
	平均值	0.50	1.20	2.12	3.85	5.66
	标准偏差	0.69	0.22	0.32	1.20	2.05
	变异系数	1.39	0.19	0.15	0.31	0.36

续表 7-1

地点	序号	损失率/%	黏土率/%	折断率/%	损伤率/%	含杂率/%
落花营	1	0.00	0.55	3.50	3.80	7.20
	2	0.00	0.82	2.50	7.20	10.70
	3	0.00	0.73	4.20	4.60	8.70
	4	1.20	0.40	4.30	5.70	9.20
	5	0.00	0.50	2.30	2.60	7.10
	平均值	0.24	0.60	3.36	4.78	8.58
	标准偏差	0.54	0.17	0.93	1.76	1.50
	变异系数	2.24	0.29	0.28	0.37	0.17
技术性能指标要求		≤5	≤5	≤6	≤5	≤7

(a)　　　　　　　　　　　　　　(b)

图 7-2　机具田间工作状况

(a) 小二台；(b) 落花营

由表 7-1 及工作实际可知，样机的损失率较小，数据差异较大，损失的偶然性较强。甜菜的损失率主要来自收获过程中输送损失（几乎没有甜菜埋藏和漏挖损失），且输送遗漏主要发生在升运链与收集箱之间，与升运链的速度和位置有着很大的关系。经过输送清理装置和升运装置的清理之后，甜菜块根基本没有土壤黏附。部分黏附土壤主要分布在块根两侧的毛根附近，且与土壤种类和含水率等特性有关。在收获直径较大的甜菜块根时，甜菜块根容易被损伤和折断。这主要由挖掘装置的挖挤式挖掘原理决定，且受土壤的硬度和含水率的影响较大。在甜菜联合收获机的收获性能中，块根损伤率主要由收获装置不能及时对行收获引起，受地面作业条件的影响较大；尾根折断主要来自块根与土壤的连接力不能被及时破坏；含杂率由未按标准修削的青头和不足 1cm 粗的尾根和叉根引起。在块根提升阶段，由于升运链条夹持的块根存在大小差异，两条升运链会产生运动扰动和颤动，使得部分块根尾根（直径不足 1cm 粗）被折断，起到一定去杂的效果。落花营的甜菜块根切顶的质量相对较差，使得样机的含杂率相对较高。收获后，甜菜块根的碰撞和摩擦损伤较小，可以忽略。这与前期试验得到的甜菜块根的弹性模量和抗压强度相对较大的结论相一致。在收获过程中，随着液压油温的提高，液压动力系统稳定性还不高。在拖拉机油门处于中档时，液压马达的供油出现了不足，使得后升运链的转速不稳定，导致块根落入收集箱的位置靠后，在一定程度上影响了块根的收集和运输，还需要后期改善。

综合以上分析，甜菜块根的损失率、损伤率和折断率分别受到升运装置、导向装置和挖掘装置的参数影响，凸显了各类装置结构参数的重要性；黏土率和含杂率主要受土壤条件和甜菜块根切顶质量的影响。同时，受田间土壤条件和甜菜块根种植状况的影响，块根的损伤率和折断率变化较大。由于本样机是收获切顶后的甜菜块根，所以样机的含杂率仅作为参考指标。受当前国内液压整体技术和水平的影响，升运装置的输送转速还不够稳定，有待于后期改善和提高。

7.2　样机的改进

目前，样机还处于试验阶段，整机结构复杂，在某些方面还存在不足，如液压系统不稳定、机具转弯半径大和持续工作时间短等问题，距离大面积推广的应用标准还存在一定的差距。在保证样机工作性能的基础上，针对试验过程中存在的问题，对甜菜联合收获样机升运装置和传动系统进行改进和完善，以提高甜菜收获机的工作适应性和整体的稳定性，为收获机的推广打好基础。为适应后升运装置的动力需求，将升运装置的液压马达动力改为传动稳定的皮带传动，并增加皮带张紧油缸，以此控制后升运装置的动力传输，增加收获机性能的稳定性，降低样机的制造成本。其改进后传动系统如图 7-3 所示，液压系统如图 7-4 所示，升运装置位置及结构如图 7-5 所示。

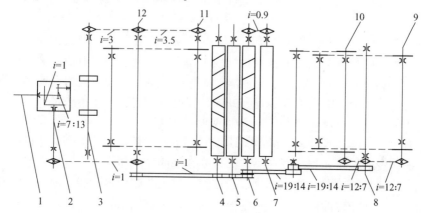

图 7-3　传动系统图

1—动力输入轴；2—动力输出轴；3—抛送轮轴；4，6—螺旋辊筒轴；5，7—钢辊轴；8—升运主动轮；
9，10—升运链主动轴；11—输送链主动轴；12—输送系统主动轴

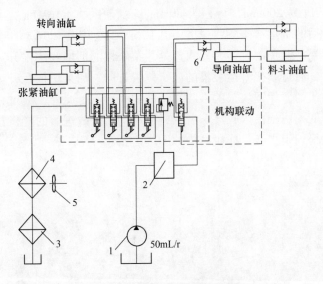

图 7-4　液压系统机能符号图

1—齿轮泵；2—分流阀；3—过滤器；4—散热器；5—冷却风扇；6—单向节流阀

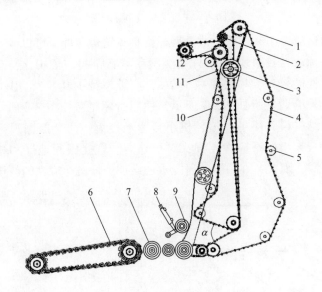

图 7-5　升运装置结构示意图

1—杆带式输送链Ⅰ主动轮；2—张紧链轮；3—升运主动轮；4—杆带式输送链Ⅰ；5—压紧轮；
6—杆式链输送器；7—螺旋辊筒清理器；8—张紧油缸；9—张紧皮带轮；10—皮带；
11—杆带式输送链Ⅱ；12—杆带式输送链Ⅱ主动轮

根据液压油路需要，齿轮泵选用 CBT-E-540 齿轮泵（额定压力 20MPa，排量
40mL/r，额定转速 2000r/min）；张紧油缸内径为 40mm，油缸伸缩杆直径为

25mm，闭合长度为200mm，行程为80mm，工作压力为16MPa；其他零部件不变。经过改进后的升运链条的线速度由0.976m/s提升为1.3m/s，有效地提高了甜菜的升运效果，避免了升运装置入口处甜菜块根的拥堵和块根升运输送过程中的遗漏。同时，通过改变升运装置的出口位置方向，甜菜块根在升运装置出口获得较大的水平速度，保证块根落入收集箱的中间部位。此外，通过在收集箱内安装帆布条，降低了块根落入收集箱后的碰撞和冲击。改进后的样机整体的工作稳定性和适用性得到了提升。样机结构如图7-6所示。

图7-6　样机结构及工作状况

通过多次适应性田间试验，改进后样机整体结构合理，可以满足基本的设计要求和预期目标。与我国现有的4TSL-2型甜菜联合收获机相比，圆盘挖掘式甜菜联合收获机性能较好，损失率减少2%，黏土率减少9.6%，损伤率减少7%。4TSL-2型甜菜联合收获机如图7-7所示，性能指标比对如图7-8所示。但其仍存在以下问题：结构设计不够紧凑，机组转弯半径大；两个挖掘圆盘调节间距有限，对收获块根大小的适应性不强；对行导向装置受田间地况和缺苗的影响较大，适用性不高。因此，在后续的研究中还需加强样机适应性的改进。

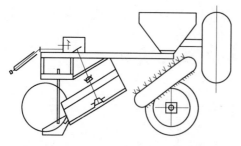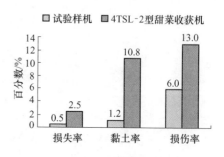

图7-7　4TSL-2型甜菜联合收获机的结构　　　图7-8　性能指标比对

7.3　本章小结

通过甜菜联合收获样机的田间性能试验，重点考察了样机的性能指标、作业质量、适用性和可靠性，并针对存在的问题做了进一步的改进和完善。结合样机改进及试验效果，得到以下结论：

（1）在石家庄市张北县两处试验田的收获试验表明，甜菜联合收获样机能够与双行移栽甜菜的种植农艺相适应，可一次完成甜菜块根的挖掘、输送、除土和收集的作业，达到了甜菜收获机相应的性能技术指标。

（2）通过不同地区收获样机的试验结果可知，样机对块根的除土、清理效果较好，收获的块根的含杂率很小，几乎没有草叶、土块等杂质，性能指标受甜菜块根参数、土壤种类和工作环境等因素的影响。因含杂率受甜菜切顶的质量影响大，可仅作为样机性能的参考指标。甜菜黏附土壤主要存在于块根两侧的毛根附近，且黏土量与土壤含水率有关。在土壤硬度高、地面起伏大和块根直径较大的条件下，样机的导向波动较大，块根容易被切伤和折断。

（3）样机整体结构合理，达到了设计要求和预期目标，但还存在结构设计不够紧凑、机组转弯半径大、挖掘圆盘调节间距有限等问题。在后续的研究中还需加强样机的试制，以提高收获机的适应性。

8　结论及建议

目前，甜菜收获装备品种短缺，大中型农机具跟不上发展，技术水平和技术储备不足等问题，影响和限制了我国甜菜产业的发展。为了减轻农民的劳动强度，提高甜菜收获机械化水平，促进甜菜产业的发展和进程，本书针对甜菜种植模式和生产体制，结合当前收获机械的技术瓶颈，在分析现有甜菜收获装备种类和特点的基础上，对甜菜联合收获机械化技术及关键装置进行了系统的研究，并提出了甜菜联合收获的技术模式和关键技术理论及机构形式。依据甜菜种植农艺和物理特性，采用理论研究与试验研究相结合的方式，重点研究和优化了导向系统、挖掘装置和输送清理装置，以实现甜菜块根的挖掘、去土、输送、清理和收集工序的机械化作业，为解决甜菜收获机械化的关键技术难题和薄弱环节创造了条件，对提升收获机具的技术储备和加快联合收获装备的研发具有重要的意义。

8.1　主要研究结论

（1）通过对我国甜菜种植农艺及国内外甜菜收获装备现状的调研，确定了甜菜 2 段收获模式和工艺流程，提出了牵引式双行甜菜联合收获机械的设计方案及技术路线，并分析了甜菜联合收获机的工作原理及结构特点。其中，挖掘装置最大离地距离约为 300mm，可有效提高机具的行走功能；机械–液压结合的传动系统可提高动力传递的稳定性和收获机的自动化程度；抛掷式机构可以实现甜菜块根的抛送，降低块根的含土率；由杆式输送链和螺旋辊筒组成的输送清理部件，能够实现块根、土壤和杂质的有效分离，并完成块根的定向输送，使得收获机整体结构紧凑；背负式收集箱体积约 1.69m³，卸料倾角为 45°，可满足一定的装载要求和卸料的要求；气胎轮行走装置安装在机架两端 250mm 处，可以减缓地表起伏和工作深度的变动，起到平衡机具，提高机具通过性的作用。

（2）对甜菜种植农艺和块根特性进行调研和分析，得到了甜菜的田间分布状况、物理几何模型及压缩力学特性，初步掌握了甜菜起拔力的影响因素及其与挖掘位置之间的关系。

1）甜菜块根分布在种植行中心线附近，直线度较高。76% 的块根中心在 20mm 带状范围内，98% 的块根中心分布在 40mm 的带状范围内。甜菜块根可近似为圆锥体或楔形体。块根地上高度为（60±24.4）mm，块长度为（200±45.3）mm，块根质量为（1198±530）g；圆锥体模型的横截面椭圆离心率为（0.66±0.088）mm，短轴与长轴相关，比值为 0.79±0.064；最大截面椭圆长轴、短轴长度分别为 (120±28)mm 和 (97±21.4)mm；甜菜楔形体模型的楔角为 15.3°±2.14°。

2）块根质量与块根最大截面椭圆的尺寸和块根长度相关。起拔甜菜所需力分别跟块根及土壤状况相关，受块根根系影响较小，且与块根质量和截面椭圆的短轴在 0.1 水平（双侧）上线性显著正相关。在土壤自然状态下起拔力为 (365±196)N，两侧松土后起拔力为 (259±176)N，且比土壤自然状态下减少 30%。通过正交试验，确定最小起拔力的参数最优组合（挖掘深度为 150mm，挖掘距离为 50mm），得知挖掘深度对起拔力的影响大于挖掘距离的影响，且在显著性水平为 0.01 条件下极显著。

3）甜菜的抗压性能较好，没有明显的屈服极限，破裂点较为明显，不同部位的力学特性存在差异；尾根处弹性模量较大，但抗压强度小，容易发生损伤。块根最大抗压载荷为 (1.19±0.18)kN，弹性模量为 (10.85±0.92)MPa，抗压强度为 (2.42±0.18)MPa，弹性变形度为 (60.4±4.8)%。弹性模量和抗压强度受加载速率和加载方向的影响，且横向承载能力相对轴向弱。加载速率越大，甜菜的组织结构对其力学特性的影响越弱。

4）甜菜含水率越高，弹性规律越明显。随着含水率降低，甜菜弹性变形能力增强，所能承受的最大载荷力提高，达到破裂点的变形量和时间增大。在收获期应停止灌溉甜菜，降低甜菜的含水率，以减少收获及运输过程中的损失。

（3）通过理论分析，确定了圆盘式挖掘装置的结构参数和工作机理，得到了挖掘圆盘的运动轨迹，建立了挖掘圆盘的力学模型。利用 ANSYS 有限元分析，得到了挖掘装置的等效应力和变形云图，预测了挖掘装置破坏的位置及强度变形。通过单因素和正交田间试验，得到了挖掘装置关键参数的适用范围及其对挖掘装置工作性能的影响规律，获得最佳参数组合。

1）挖掘装置的结构参数：挖掘圆盘曲率半径 ρ 为 1100mm，圆盘直径 D 为 680mm，倾角 β 为 13.3°，偏角 γ 为 7.8°，张角 ε 为 15.25°，偏离角 i 为 30°。假设条件下，挖掘圆盘的牵引阻力 D 为 2644N，圆盘侧向力 S 为−635N，圆盘铅垂反力 V 为 2294N。

2）挖掘装置设计合理，可以满足强度和工作要求；挖掘装置的应力分布分散，挖掘圆盘、圆盘轴臂架和调整垫片处均有应力集中。最大应力点出现起拔轮轴的轴承上，等效应力最大值为 189.34MPa；最大变形位移发生在挖掘圆盘的边缘，且最大变形值为 0.84189mm。挖掘圆盘应力集中点较多且分散，最大等效应力为 51.721MPa；在铸造加工过程中，要增大轮辐应力集中部位尺寸，同时采用回火等工艺减少应力集中，提高圆盘部件的强度。调整垫块和圆盘轴臂架的应力分散，最大等效应力分别为 121.96MPa 和 143.53MPa；圆盘轴臂架的最大变形位移发生在挖掘圆盘轴的边缘，且最大变形值为 0.33491mm。

3）挖掘圆盘的张角 ε（13°~19°）、偏离角 i（25°~40°）、作业深度 H（60~120mm）分别与黏土率、折断率和损伤率呈曲线关系。在工作参数一定的条件下，随着张角的增大，块根的黏土率和折断率逐渐增大，损伤率逐渐减小；随着偏离角的增大，块根的黏土率先增大后减小，折断率先减小后增大，损伤率逐渐减小；随着作业深度的增大，块根的黏土率先减小后增大，折断率和损伤率逐渐减小。

4）作业深度对黏土率的影响极显著；影响黏土率指标的因素的主次影响排序为 $H > \varepsilon > i > \varepsilon H > \varepsilon i > \varepsilon H$；黏土率的较优参数组合为：圆盘张角为15°、偏离角为35°、作业深度为90mm。作业深度对折断率的影响极显著，挖掘圆盘的张角及作业深度的交互作用对折断率的影响显著；影响折断率指标的因素的主次影响排序为 $H > \varepsilon H > \varepsilon > iH > \varepsilon i > i$；折断率的参数较优组合为：圆盘张角为19°、转角为30°、挖掘深度为120mm。因素对甜菜的损伤率的影响都不显著；主次影响排序为 $\varepsilon > H > \varepsilon H > i > \varepsilon i > iH$；较优组合为：圆盘张角为19°、转角为30°、挖掘深度为120mm。兼顾各个试验指标，采用综合加权评分法分析得张角、作业深度、张角及作业深度的交互作用对综合指标的影响显著；因素的主次影响排序为 $\varepsilon > H > \varepsilon H > \varepsilon i > \varepsilon H > i$；最后以选出较优的因素组合为：圆盘张角为15°、转角为30°、挖掘深度为120mm。

（4）确定了导向系统的结构及关键参数，建立了关键参数与导向效果指标的数学模型，得到了参数对试验指标的影响规律及其主次关系，并确定最优参数组合。

1）通过对甜菜块根收获地表的特征的分析，确定了机械接触和液压转向融合的导向系统。初定导向杆结构参数（弯角 α 为130°，长度 L_1 为250mm、安装角 β 为7.7°）和工作参数（离地高度 H 为140mm、导向杆间距 S_0 为170mm、S_1 为270mm）。

2）利用田间模拟导向试验，确定了关键参数的范围：弯角 α 为［130°，150°］，安装角 β 为［7°，11°］，水平长度 L_1 为［170，250］mm。

3）采用响应曲面法，建立了弯角 α、安装角 β 和水平长度 L_1 与导向损失率之间的性能模型，得到了关键参数对性能指标的影响顺序。因素系数显著性顺序为 $L_1 > \beta L_1 > \alpha^2 > \beta^2 > \alpha > \alpha L_1 > L_1 \beta > \beta$。指标自然回归方程为：

$$y = 101837361 - 1213861\alpha - 3221667\beta + 0.24264L_1 - 0.11667\alpha\beta -$$
$$0.013278\alpha L_1 + 0.13889\beta L_1 + 0.056889\alpha^2 + 1.19722\beta^2$$

4）在导向杆水平长度 L_1 一定的条件下，甜菜的导向损失率受导向杆弯角 α 和安装角 β 的交互影响，分别与影响因素呈二次曲线关系，且受弯角 α 的影响略大于安装角 β 的。在安装角 β 一定的条件下，甜菜的导向损失率受弯角 α 和水平长度 L_1 的交互影响；导向损失率随着弯角 α 的增大先减小后增大，随着水平长

度 l 的增大而减小，且受弯角 α 的影响小于水平长度 L_1 的。在导向机构弯角 α 一定的条件下，甜菜的导向损失率受安装角 β 和水平长度 L_1 的交互影响；安装角 β 分别与甜菜的导向损失率呈二次曲线关系，水平长度 L_1 与甜菜导向损失率呈线性关系；导向损失率随着安装角 β 的增大先减小后增大，随着水平长度 L_1 的增大而减小，且受安装角 β 的影响小于水平长度 L_1 的。

5）基于二次响应曲面法建立的预测模型，得到较优组合水平：弯角 α 为 $145°$、安装角 β 为 $8°$、水平长度 L_1 为 240mm。

（5）结合甜菜收获地区的土壤状况及挖掘装置工作的特点，确定了输送清理装置的结构，研究了杆式输送器的运动特征，建立了关键参数与输送链速度、加速度的关系。借助 ADAMS 仿真软件，得到了甜菜的抛送速度和输送器转速对甜菜输送效果的影响，确定了最佳参数组合。

1）输送清理装置由杆式输送器及螺旋辊筒清理器组成。输送链线速度为 $1.6\sim2.0$m/s，倾角为 $10°$，节距为 65mm，输送长度为 950mm，输送链总长为 2480mm；输送链轮齿宽为 20mm，牙数为 10，分度圆直径为 210mm，转速为 154r/min；输送前轮直径为 160mm；螺旋辊筒的直径为 140mm，钢辊直径为 127mm；螺旋圆钢的直径为 14mm，辊筒间隙为 30mm，螺线圆钢的螺距为 160mm，辊筒的转速为 540r/min，钢辊的转速为 486r/min。

2）研究了输送链和输送链轮的相互作用，得到了输送链的速度、加速度与输送链轮参数（齿数、角速度等）之间的关系，确定了输送链轮的齿数为 10，并得到了输送链轮的转速对输送链运行的平稳性影响较大。

3）基于 ADAMS 仿真，确定抛送装置的抛送转速为 180r/min，输送转速为 154r/min。输送链后轮的角速度、扭矩和功率明显大于前轮，前轮（从动链轮）相对后轮（主动链轮）运动平稳，初步确定输送杆的输送速度约为 1.633m/s，甜菜块根脱离输送器的加速度为 337.3729m/s^2，速度为 2.6515m/s，符合输送要求。

（6）甜菜收获样机能够与双行移栽甜菜的种植农艺相适应，可一次完成甜菜块根的挖掘、输送、除土、收集的作业，可以达到甜菜收获机相应的性能技术指标。样机除土和清理效果较好，收获的块根的含杂率很小，几乎没有草叶、土块等杂质。

8.2 建议

本书研究了甜菜挖掘圆盘结构参数，构建了甜菜挖掘的力学模型，为甜菜挖掘机械设计提供了理论依据。对导向探测机构进行了动力学分析和结构优化，实现了机-液控制的有机融合，提高了甜菜收获的对行效果。研发了圆盘挖掘式甜菜收获机，试验效果表明机器工作稳定、挖掘效果良好。本书的研究成果基本达到了甜菜的收获要求，受样机设计时间短、田间试验季节性强、试验条件不稳定等诸多因素的影响，甜菜联合收获机仍存在不足：

（1）样机结构设计不够紧凑，转弯半径较大。

（2）挖掘装置的力学模型仅局限于假设条件下的理论分析，与实际存在较大的差距，需要通过试验等方式修正。

（3）导向系统受甜菜种植状况的影响较大，液压控制系统的反应灵敏度还有待提升。

（4）输送清理装置的结构主要通过经验和仿真分析确定，结构不够紧凑，输送性能和关键参数缺少验证和优化。

（5）传动控制系统主要依靠经验试制，液压系统和传动结构缺少系统分析和优化。

为了及早将样机投入生产和市场，今后还需从以下几方面深入研究：

（1）采用离散元理论，分析土壤的破碎过程，揭示土壤、甜菜块根和挖掘铲之间的相互机理，并修正圆盘理论力学模型，以降低挖掘阻力，提高挖掘装置的工作性能。

（2）提高导向系统的自动化程度，实现实时定位导向，进一步完善液压系统，提高导向系统的反应灵敏度。

（3）在理论研究和试验的基础上，对整机的结构、配置关系、稳定性和通过性进行研究，减小机具尺寸和重量，降低整机成本，提高样机的整体性能。

附 录

附录 A 国内外甜菜收获机性能参数

表 A.1 国内部分甜菜收获机结构及参数

名称	配套动力/kW	行数	行距/mm	工作速度/km·h⁻¹	生产率/ha·h⁻¹	质量/kg	外形尺寸(长×宽×高)/m×m×m	挖掘方式/切顶方式	研制单位
4TS-2A甜菜收获机	>50	2	500~700	4~6	0.5~0.8	2100	4.9×2.2×2.8	铧式挖掘铲	四平市大鹏机械制造有限公司
4TL-2甜菜收获机	29.4~65.7	2	500~700	4~6	0.5~0.8	2500	4.8×2.82×2.95	铧式挖掘铲	丰镇市高峰机械设备有限责任公司
1710B联合收获机	74.57~104.4	3	500~600	4~6	0.33~0.67	4000	5.0×3.3×3.4	铧式挖掘铲	中机美诺科技股份有限公司
4TWS-2甜菜挖松机	8.82	2	600~700	4.5~5.5	0.4	123	0.9×1.6×1.2	球面弧形铲	中国农业科学院甜菜研究所
4TW-2型甜菜挖掘机	40.4	2	600~700	7.0	0.67~1	1300	4.8×2.0×2.9	组合式挖掘铲	黑龙江农垦科学院研制
4TSL-2型甜菜收获机	48	2	600~700	3.6	0.3	—	—	铧式挖掘铲	黑龙江省牧畜机械研究所
4TWZ-4型甜菜收获机	48	4	300~600	4~6	0.67~1	1650	5.2×2.5×2.8	组合式挖掘铲	新疆农垦科学院农机所
4TW-2型切缨机	20.58	2	600~700	5.4	0.73	800	3.5×1.7×2.3	主动仿形轮式	轻工部甜菜糖业所

续表 A.1

名　　称	配套动力/kW	行数	行距/mm	工作速度/km·h⁻¹	生产率/ha·h⁻¹	质量/kg	外形尺寸（长×宽×高）/m×m×m	挖掘方式/切顶方式	研制单位
4TW-2B型甜菜挖掘集堆收获机	20.58	2	600~700	4~6	0.53~0.67	1300	4.2×1.6×2.1	组合式	轻工部甜菜糖业研究所
4TQ-2A起收机	≥20	2	500~660	—	0.2~0.3	1530	4.8×1.7×1.9	—	富锦龙江拖拉机公司
4TJ-140捡拾机	88~117	—	—	5~10	0.9~1.2	7200	2.4×2.1×1.3	—	常州汉森机械有限公司
4TW-2系列甜菜起挖器	>50	3	400~600	—	≥0.67	—	7.9×3.2×4.4	梳齿仿形器	常州汉森机械有限公司
4TGQ-2甜菜削叶切顶机	>47	3	400~600	—	≥0.67	—	2.4×1.7×1.1	平板仿形器	常州汉森机械有限公司
4TDQ-1500甜菜打叶切顶机	35~55	6	500~650	3.6~9	≥0.3	560	2.35×1.7×1.08	平板仿形器	酒泉科诺尔农业装备科技有限责任公司
TQ2甜菜切顶机	13~22	2	500~650	1.3~3	0.2~0.4	—	—	锯齿仿形盘	中机美诺科技股份有限公司
4TSQ-2型甜菜切顶机	35~55	2	500~650	3.6~9	≥0.3	560	2.35×1.7×1.08	平板仿形器	青岛农业大学
4T-1A甜菜收获机	26~29	1	600~660	4.6	0.5	1400	3.9×2.4×2.7	铧式挖掘铲	北大荒众荣农机有限公司
4T-2P型切顶机	25~40	2	500~700	4~5	0.4~0.5	400	2.2×1.5×1.3	主动仿形轮式	北大荒众荣农机有限公司
4TS-2甜菜收获机	30~60	2	500~700	4.5	0.7~1.0	—	5.1×1.6×2.9	仿形轮/起拔轮	北大荒众荣农机有限公司
BSR-575甜菜收获机	51	1	600~660	10	0.18~0.31	4000	5×2.9×3.2	铧式挖掘铲产	北大荒众荣农机有限公司
4TWP-180型甜菜收获机	35~55	3	500~650	4~5	0.4~0.5	—	—	铧式挖掘铲产	依安县勇强农机具制造厂
4TL-2型甜菜起收机	50	2	450~800	5~10	0.8~1.0	—	—	轮式挖掘铲产	依安县勇强农机具制造厂
4TJ-140甜菜联合检装卸机	50	2	450~650	5~10	0.9~1.2	7200	2.4×2.1×1.3	—	常州汉森机械有限公司的
4TWS-2型甜菜挖松机	40.4	6	600~700	—	1.33	218	2.8×0.6×1.2	铧式挖掘铲产	内蒙古乌盟农机所

续表 A.1

名　称	配套动力 /kW	行数	行距/mm	工作速度 /km·h⁻¹	生产率 /ha·h⁻¹	质量/kg	外形尺寸（长×宽×高）/m×m×m	挖掘方式 /切顶方式	研制单位
甜菜茎叶获机	8.82	2	600	1~2	0.17	80	1.1×0.8×0.9	被动栅状式	宁夏银川糖厂
甜菜获根收获机	40.4	2	600	3~4	0.33	300	2.3×1.4×0.8	叉式挖掘铲	宁夏银川糖厂
4TW-2型甜菜挖掘机	20.58	2	600~700	6	0.67~0.8	385	2.1×1.6×1.1	组合式	长春市农机所
TV-2型多用型收获机	20.58	2	600~700	5.1	0.39	190	0.9×1.5×1.2	U型平铲	内蒙古通辽农机所
TW-2型挖掘收获机	40.4	2	600~700	6~8	0.5~0.8	1200	5.8×2.0×2.4	叉式挖掘铲	新疆石河子145团
双辽-2型甜菜收获机	20.58	2	600~700	4~5	0.5~0.62	650	2.4×1.9×1.7	叉式挖掘铲	吉林双辽农机所
甜菜茎叶收获机	20.58	2	450	3.6	0.33	350	1.5×1.2×1.1	被动栅状式	内蒙古杭锦后旗农机所
甜菜茎叶收获机	40.4	2	450	4~5	0.33	300	1.6×1.4×1.3	复合式	内蒙古杭锦后旗农机所
4TQ-2型切缨机	20.58	2	600~700	4~5	0.4~0.53	690	2.1×1.9×1.3	主动仿形式	中国农科院甜菜所
4TW-2型挖掘机	40.4	2	600~700	4~5	0.4~0.53	420	1.8×1.7×1.1	组合式	中国农科院甜菜所
4TQ-3型切缨机	20.58	3	700	5.4	0.5	1860	5.3×2.5×2.0	主动仿形轮式	黑龙江九三农科所
4TW-2型挖掘机	40.4	2	700	3.6~5.4	0.43	1900	5.6×2.0×1.8	复合式	黑龙江九三农科所
4TJ-3型茎叶收获机	20.58	3	450	5.1	0.69	1500	4.8×2.0×2.0	主动仿形轮式	内蒙古乌盟农机所
4TK-3型块根收获机	40.4	3	450	5.1	0.69	1500	—	复合式	内蒙古乌盟农机所
4TL-3型切缨机	40.4	3	450	5.1	0.67	500	3.3×1.4×0.7	主动仿形轮式	内蒙古乌盟农机所

表 A.2　国外部分甜菜收获机结构及参数

名　称	配套动力/kW	挂接方式	行数	行距/mm	工作速度/km·h⁻¹	生产率/hm²·h⁻¹	外形尺寸/m×m×m	挖掘方式	研制单位
3HL-TL 甜菜挖掘机	45	牵引式	3	500	3.5	0.6~0.8	2.4×1.75×12	铧式犁刀	西班牙 MACE 公司
TWO-AH 甜菜挖掘机	60	牵引式	2	500	4~6	0.3~0.4	7.26×3.45	铧式犁刀	西班牙 MACE 公司
6HL-RHFI	45	悬挂式	6	500	4~7	1.0	—	铧式犁刀	西班牙 MACE 公司
6HL-RHFT	48	悬挂式	6	500	4~7	1.0	—	铧式犁刀	西班牙 MACE 公司
RT-310 甜菜捡拾转载机	73.5	牵引式	1	500	0.33~1.33	1~1.33	8.02×3×3.65	—	西班牙 MACE 公司
LECTRAV2 甜菜收获机	250	自走式	6	500	5~6	1.5	—	铧式犁刀	法国 MOREAU 公司
T4-30 甜菜收获机	460	自走式	6	450、500	13~40	2.5	—	铧式犁刀	德国荷马公司
T3 型自动甜菜收获机	340	自走式	6	450、500	13.5~20	1.3	—	铧式犁刀	德国荷马公司
猛虎 V8-3 甜菜收获机	444	自走式	6、8、9	450、500	13.5~20	—	14.95×4×3	铧式犁刀	德国罗霸公司
Maxtron 620 自动甜菜收获机	360	自走式	6	450、500	20、25、32、40	—	12×3.3×4	轮式挖掘器	德国格立莫公司
REXOR620 自动甜菜收获机	365.4	自走式	6	450、480、500	20、25、32、40	—	—	轮式挖掘器	德国格立莫公司
V-100 型单行甜菜联合收获机	≥30	牵引式	1	500	25（最大）	0.21	5.7×2.77×3.27	铧式犁刀	德国多尔公司
4600 EX1 型牵引式甜菜收获机	117.6	牵引式	6	450~600	—	1.3	5.029×4.343×1.092	铧式犁刀	美国尔斯顿公司
牵引式转载挖掘机 Rooster604	136	牵引式	6	450~500	20、25、32、40	—	—	轮式挖掘器	德国格立莫公司
生产的 1AH-S 型单行甜菜挖掘机	≥44.74	牵引式	1	450~650	6~10	0.4~0.67	4.6×3.54×2.5	铧式犁刀	西班牙马赛公司
3SV 型甜菜挖掘机	≥51	牵引式	3	500	4~7	0.6	—	铧式犁刀	西班牙马赛公司
BSR-575 型甜菜收获机	55	牵引式	1	415	3~5	1.5	5×3.175×2.910	铧式犁刀	日本三荣工业株式会社
4T-1A 甜菜收获机	26.1	牵引式	1	415	4.6	0.5	3.9×2.4×2.65	铧式犁刀	日本三荣工业株式会社

附录 B　相关期刊论文及专利

圆盘挖掘式甜菜联合收获机设计与试验

王方艳，张东兴　青岛农业大学机电工程学院，中国农业大学工学院，2013

[摘要] 为了缓解中国甜菜收获装备短缺的现状，设计了一种适合国内甜菜种植模式和农艺要求的圆盘挖掘式甜菜联合收获机，并阐述了该机的总体配置及主要部件的结构。该机主要由传动系统、对行装置、挖掘装置、输送分离装置、升运装置等组成。其中，液压控制系统提高了机械的操控性及自动化程度；对行装置减少了甜菜的漏挖，实现了自动对行收获；圆盘式挖掘部件参数的优化设计有效减少了工作阻力，输送分离装置和升运装置中的杆式输送链减少了甜菜的输送损失和含杂。田间试验表明，收获机甜菜收获损失率不大于 3.42%，黏土率不大于 1.18%，损伤率不大于 1.82%，折断率不大于 1.6%，含杂率不大于 4.86%，符合甜菜收获要求。该研究可为甜菜收获机械设计提供参考。
[关键词] 联合收获机设计试验甜菜

圆盘式甜菜挖掘装置性能参数的优化

王方艳，张东兴青岛农业大学机电工程学院，中国农业大学工学院，2015

[摘要] 为了提高圆盘式挖掘装置的工作性能，解决收获过程易壅堵等问题，该文结合圆盘式挖掘装置的结构及工作原理，从理论上分析了挖掘装置的参数关系及运动机理，建立了挖掘圆盘刃口的运动方程，得到了甜菜的运动轨迹，确定了圆盘式挖掘装置的关键性能参数，并以圆盘的张角、偏转角和挖掘深度为试验因素，甜菜的黏土率、折断率和损伤率为性能评价指标进行三因素三水平的正交试验。试验结果表明：作业深度对甜菜的黏土率和折断率的影响较大，张角和作业深度共同影响着甜菜的折断率，偏转角对这 2 个指标的影响均不明显；损伤率受张角、偏转角和作业深度的影响不大，可以忽略不计。综合考虑各评价指标，通过综合评分法得较优的参数组合。即当张角为 15°，偏转角为 30°，挖掘深度为 120mm 时，甜菜收获的黏土率为 12%，折断率为 0，损伤率为 0，加权综合指标为 3.6%，整体收获效果相对较好。
[关键词] 甜菜优化农业机械挖掘装置性能试验

圆盘式甜菜收获机自动导向装置的参数优化与试验

王方艳 ，张东兴　青岛农业大学机电工程学院，中国农业大学工学院，2015

[摘要] 为了提高圆盘式甜菜收获机的对行收获质量，该文结合导向装置的结构及工作特点，分析了导向机构的受载及运动特性，得到了导向机构在运动过程中的加速度方程，并确定了影响导向对行效果的关键参数。采用响应面优化设计方法，建立了关键参数与导向损失率之间的数学模型，确定了较优的参数组合（弯角为145°，安装角为8°，水平长度为240mm）。田间试验表明：导向装置可实现甜菜收获机的自动导向对行收获，收获损失率为 5.12%，且满足甜菜收获机收获质量的行业标准（NY/T 1412—2007）。研究结果可为同类甜菜收获机的研发和单株块根作物的导向对行收获研究提供参考。
[关键词] 农业机械机械化优化收获机甜菜自动导向

辐盘式挖掘装置的结构与有限元分析

王方艳　青岛农业大学机电工程学院与中国农业大学，2018

[摘要] 针对单株块根作物收获机具短缺、结构设计粗放的特点，分析了辐盘式挖掘装置的结构及工作参数，并利用三维虚拟样机技术建立辐盘式挖掘装置的模型。同时，根据挖掘装置的受载情况，借助 ANSYS 软件，对挖掘装置的变形及应力进行有限元分析。根据分析结果，找出挖掘装置易产生损伤部位，为后续挖掘装置的优化设计及性能提升提供理论依据。
[关键词]　挖掘装置；辐盘式；有限元分析

甜菜力学特性的试验研究

王方艳 ，张东兴　青岛农业大学机电工程学院，中国农业大学工学院，2015

[摘要] 甜菜的力学特性是机具研发的基础。利用英国 Instron-4411 型万能材料试验机，对 "KWS3148" 甜菜不同部位的试样进行压缩试验，分别研究了取样位置、加载速率和含水率对甜菜力学特性的影响，并得到收获期甜菜的弹性模量和抗压强度。试验结果表明：甜菜没有明显的屈服极限，破裂点较为明显；甜菜的力学特性受取样位置和加载速率的影响，且尾根处抗压强度最小；载荷加载速率对甜菜的弹性模量和最大抗压强度影响极显著，载荷位置对甜菜的最大抗压强

度影响显著；随着加载速率的增加，同位置试样的弹性模量逐渐增大，最大抗压强度先减小后增大；甜菜的弹性模量和最大抗压强度分别随着含水率的减小而增大；弹性模量为（12.17±2.26）MPa，抗压强度为（2.67±0.3）MPa。

[关键词] 甜菜弹性模量抗压强度含水率压缩试验

甜菜起拔力影响因素的试验研究

王方艳 ，张东兴　青岛农业大学机电工程学院，中国农业大学工学院，2015

[摘要] 为了确定甜菜的挖掘位置对甜菜起拔力的影响，借助正交试验分析了关键参数对甜菜起拔力的影及其范围，并采用二次旋转回归试验设计，建立了挖掘深度和挖掘距离对甜菜起拔力的二次响应面模型。通过对"KWS3148"甜菜的田间种植状况测定，确定了挖掘位置参数的合理范围。借助 Design-Expert 软件，研究了参数对起拔力的影响规律，确定了挖掘深度为 195mm、挖掘距离为 41mm 的较优参数组合，为甜菜挖掘装备提供设计依据和数据参考。

[关键词] 甜菜起拔挖掘位置

挤振式根茎收获机

专利号：201720327901.0；申请日：2017-03-30；公开日：2018-02-06
申请人：青岛农业大学
发明（设计）人：王方艳；吕平
主分类号：A01D25/04；分类号：A01D25/04；A01D33/00；A01D33/10；A01D33/08

摘要：本实用新型涉及农作物收获机械，尤其是一种挤振式根茎收获机。包括机架和挤振式挖掘装置和压扶式输送清理装置，挤振式挖掘装置包括拨菜轮、挖掘铲和挖掘铲角度调整机构，所述挖掘铲和拨菜轮设置在机架的前部，挖掘铲为成对设置，每对挖掘铲包括两个挖掘铲，两挖掘铲对称设置且呈楔形，每对挖掘铲的上方设置一个拨菜轮；压扶式输送清理装置包括吊链和输送链，吊链和输送链设置在机架的中部，吊链位于输送链的上方，吊链固定在机架上，吊链和输送链之间存在间隙。其实现了挖掘铲的角度可调，提高了根茎类农作物的收获率。

扰动挖掘装置

专利号：201611009529.5；申请日：2016-11-16；公开日：2017-02-08
申请人：青岛农业大学

发明（设计）人：王方艳

主分类号：A01D13/00；分类号：A01D13/00；A01D33/00

摘要：本发明涉及挖掘根茎类作物的机械，尤其是一种扰动挖掘装置。包括机架和电机，电机设置在机架上，其中，还包括减振限位机构、对行调整机构、控制机构和挠动挖掘机构，机架的前端设有对行机架，减振限位机构的上端固定在对行机架上，减振限位机构的下端连接有对行调整机构，对行调整机构上设有控制机构，机架中后部的下方设有挠动挖掘机构，挠动挖掘机构设置在机架上。其结构紧凑，提高了根茎类农作物的准确挖掘率。

挠动对行挖掘装置

专利号：201621231516.8；申请日：2016-11-16；公开日：2017-05-24

申请人：青岛农业大学

发明（设计）人：王方艳

主分类号：A01D13/00；分类号：A01D13/00；A01D33/00

摘要：本实用新型涉及挖掘根茎类作物的机械，尤其是一种挠动对行挖掘装置。包括机架和电机，电机设置在机架上，其中，还包括减振限位机构、对行调整机构、控制机构和挠动挖掘机构，机架的前端设有对行机架，减振限位机构的上端固定在对行机架上，减振限位机构的下端连接有对行调整机构，对行调整机构上设有控制机构，机架中后部的下方设有挠动挖掘机构，挠动挖掘机构设置在机架上。其结构紧凑，提高了根茎类农作物的准确挖掘率。

根茎类农作物收获机

专利号：201710203369.6；申请日：2017-03-30；公开日：2017-08-18

申请人：青岛农业大学

发明（设计）人：王方艳

主分类号：A01D13/00；分类号：A01D13/00

摘要：本发明涉及农作物收获机械，尤其是一种根茎类农作物收获机。包括机架、挤振式挖掘装置和压扶式输送清理装置，挤振式挖掘装置包括拨菜轮、挖掘铲和挖掘铲角度调整机构，所述挖掘铲和拨菜轮设置在机架的前部，挖掘铲为成对设置，每对挖掘铲包括两个挖掘铲，两挖掘铲对称设置且呈楔形，每对挖掘铲的上方设置一个拨菜轮；压扶式输送清理装置包括吊链和输送链，吊链和输送链设置在机架的中部，吊链位于输送链的上方，吊链固定在机架上，吊链和输送链之间存在间隙。其实现了挖掘铲的角度可调，提高了根茎类农作物的收获率。

块根收获机

专利号：201710204020.4；申请日：2017-03-30；公开日：2017-08-15

申请人：青岛农业大学

发明（设计）人：王方艳

主分类号：A01D13/00；分类号：A01D13/00；A01D33/10；A01D33/08

摘要：本发明涉及农作物收获设备，尤其是一种块根收获机。包括机架、挖掘装置、输送装置和堆集装置，挖掘装置、输送装置和堆集装置均设置在机架上，输送装置位于挖掘装置和堆集装置之间，其中，所述挖掘装置包括两个尖铲和尖铲间距调节装置，尖铲与尖铲间距调节装置连接，尖铲间距调节装置包括滑套、固定支架、L 形连杆、连杆和转盘Ⅱ，尖铲分别固定在滑套上，固定支架的两端与机架固定连接，滑套的一端与固定支架滑动连接，另一端固定有尖铲，滑套朝向机架的外侧与通过 L 形连杆与连杆连接，连杆的另一端与转盘Ⅱ偏心连接，L 形连杆的直角转角处与机架铰接，转盘Ⅱ固定在转轴Ⅰ上，转轴Ⅰ设置在机架上；其入土阻力小，收集箱装满后无需停机即可自动更换收集箱，大大提高了收获机的收获效率。

工作角度可调的自适应轮盘式块根挖掘装置

专利号：201510337529.7；申请日：2015-06-17；公开日：2015-09-09

申请人：青岛农业大学

发明（设计）人：王方艳；刘兴华

主分类号：A01D13/00；分类号：A01D13/008

摘要：工作角度可调的自适应轮盘式块根挖掘装置，采用轮盘作为挖掘机构，包括空心球座、轮盘轴和轮盘。轮盘轴的一端设置有球体，另一端安装有轮盘；空心球座内部为球形空心，球体安装在空心球座内，与空心球座形成可转动结构，两侧的轮盘轴上均有一延伸杆，两侧延伸杆间连接调节机构，通过调节机构调整双侧轮盘间的夹角。轮盘通过自适应调节机构安装在轮盘轴上，自适应调节机构包括轴套、深沟球轴承、轮毂和复位弹簧；轮盘安装在轮毂上，轮毂通过深沟球轴承安装在轴套上，轴套可沿着轮盘轴径向滑动。通过自适应调节结构可调整双侧轮盘的间距。该块根挖掘装置可根据收获作物、种植环境的不同，调整双侧轮盘的间距和工作角度，保证挖掘工作的顺利进行。

一种单株块根挖掘装置

专利号：201520418993.4；申请日：2015-06-17；公开日：2015-10-14

申请人：青岛农业大学

发明（设计）人：刘兴华；王方艳；高升

主分类号：A01D13/00；分类号：A01D13/00

摘要：单株块根挖掘装置，采用轮盘作为挖掘机构，包括空心球座、轮盘轴和轮盘。轮盘轴的一端设置有球体，另一端安装有轮盘；空心球座内部为球形空心，球体安装在空心球座内，与空心球座形成可转动结构，两侧的轮盘轴上均有一延伸杆，两侧延伸杆间连接调节机构，通过调节机构调整双侧轮盘间的夹角。轮盘通过自适应调节机构安装在轮盘轴上，自适应调节机构包括轴套、深沟球轴承、轮毂和复位弹簧；轮盘安装在轮毂上，轮毂通过深沟球轴承安装在轴套上，轴套可沿着轮盘轴径向滑动。通过自适应调节结构可调整双侧轮盘的间距。该块根挖掘装置可根据收获作物、种植环境的不同，调整双侧轮盘的间距和工作角度，保证挖掘工作的顺利进行。

一种甜菜挖掘装置

专利号：201210141569.0；申请日：2012-05-09；公开日：2012-09-19

申请人：青岛农业大学

发明（设计）人：张东兴；王方艳；苏益明；史嵩；祁兵；胡国勇

主分类号：A01D25/04；分类号：A01D25/04

摘要：本发明涉及一种甜菜挖掘装置，其特征在于：它包括机架、组合式挖掘部件和传动系统；机架包括第一、第二横向梁之间的第三横向梁，第一、第二纵向梁；组合式挖掘部件包括圆盘轮轴臂架，圆盘轮轴臂架的一端连接第三横向梁，另一端连接两条连接轴，两条连接轴的另一端均连接一圆盘；两纵向梁位于第一横向梁一侧的下方分别设置有一偏心轮，两偏心轮通过第一传动轴连接；第一传动轴上设置有挖掘铲，挖掘铲位于两圆盘之间的斜下方；传动系统包括设置在第二横向梁上的齿轮箱，其输入端连接动力装置，输出端分别连接第二传动轴和齿轮油泵；第二传动轴通过链轮传动装置带动偏心轮转动；齿轮油泵的输入端连接油箱，输出端连接液压马达，液压马达的动力输出端连接两圆盘中的其中一个圆盘。

参 考 文 献

[1] Licht F O. Crop Protection In Sugar Beet [J]. Sugar Beet，2007（10）：189-191.

[2] 蔡葆，张文彬．中国甜菜糖业发展的策略 [J]．中国甜菜糖业，2008（3）：24-29.

[3] 刘百顺．甜菜机械特性的研究 [D]．呼和浩特：内蒙古农业大学，2007.

[4] 周建朝，陈连江，王绍禹，等．试谈我国甜菜科研面临的任务及对策 [J].中国糖料，1998（1）：32-36.

[5] 阮平南，王建忠．我国甜菜糖业发展现状与对策 [J].中国甜菜糖业，2005（3）：32-36.

[6] 嵇莉莉．优质高产甜菜品种及生产技术 [M].北京：中国农业出版社，2003.

[7] 刘宏亮．机收甜菜种植模式及效益分析 [J].新疆农垦科技，2013（2）：14-15.

[8] 李彩凤．甜菜优质高效生产技术 [M].哈尔滨：黑龙江科学技术出版社，2003.

[9] 潘月红．2006 年世界甜菜主产国（地区）甜菜收获面积、单产和总产排序 [J].农业展望，2008（4）：43.

[10] 张智广．2007 年世界甜菜主产国（地区）甜菜收获面积、单产和总产排序 [J].农业展望，2009（3）：44.

[11] 马新明，郭国侠．农作物生产技术北方本 [M].北京：高等教育出版社，2002.

[12] 陈连江，陈丽．我国甜菜产业现状及发展对策 [J].中国糖料，2010（4）：62-68.

[13] 白晨，云和义，王友平，等．我国甜菜生产概况 [J].内蒙古农业科技，1997（5）：9-11.

[14] 韩秉进，朱向明．我国甜菜生产发展历程及现状分析 [J].土壤与作物，2016，5（2）：91-95.

[15] 卢秉福，韩卫平，祁勇．甜菜种植比较效益分析 [J].中国糖料，2009，3：39-41.

[16] 许桥良，卢秉福．甜菜生产机械化发展的回顾与展望 [J].中国糖料，2016，38（5）：73-75.

[17] 蔡葆．甜菜高产栽培 [M].北京：金盾出版社，1992.

[18] 内蒙古农牧学院甜菜生理研究室．甜菜丰产高糖及配套技术 [M].北京：农业出版社，1993.

[19] 范素香，侯书林，匀赵．国内外甜菜生产全程机械化概况 [J].农机化研究，2011（3）：12-15.

[20] 李建东，张科星，李雷霞，等．TQ2 型甜菜切顶机的研制 [J]．农机化研究，2014，36（3）：90-92，101.

[21] 胡魁，贾金萍．甜菜机械收获高产栽培技术 [J].新疆农垦科技，2012（7）：7-8.

[22] 谢民生．甜菜双膜覆盖、膜下滴灌机械化播种技术在察布查尔县的应用 [J].新疆农机化，2011（2）：5-6.

[23] 吴清分．Grimme 公司 Maxtron 620 型自走式甜菜挖掘收获机 [J]．农业工程，2015，5（6）：124-127.

[24] 姚秀芳．农机农艺技术融合，推动伊犁州甜菜机械化生产的发展 [J].农业开发与装备，2013（1）：15-16.

［25］范有君，闫志山，宋柏权，等．甜菜全程机械化生产技术及配套方案的研究［J］．中国糖料，2016（4）：45-48．

［26］卢秉福，周艳丽，刘晓雪．甜菜机械化栽培的农机与农艺技术融合研究［J］．农学学报，2019（7）：53-56．

［27］韩秉进，朱向明．我国甜菜生产发展历程及现状分析［J］．土壤与作物2016，5（2）：91-95．

［28］李美清，张英俊，李洁，等．不同栽培方式对甜菜产质量的影响［J］．中国糖料，2009（3）：34-35．

［29］王燕飞，李翠芳，李承业，等．我国甜菜栽培模式研究进展［J］．中国糖料，2011（1）：55-58．

［30］甜菜栽培技术［EB/OL］．［2010-6-20］．http：//www. ag365. com/resource/postdetail_259999. html.

［31］中国农业推广网．甜菜主要有哪几种耕作形式［EB/OL］．http：//www. farmers. org. cn/wsm/ShowArticle. asp? ArticleID=41892.［2010-4-15］.

［32］范立国，吴佐东，张金保．甜菜移栽、收获生产机械化技术［J］．农机使用与维修，2010（6）：101.

［33］王婧肼，刘奇，卢秉福，等．黑龙江省甜菜种植技术及影响因素调查分析［J］．中国糖料，2019，41（3）：58-62.

［34］Hall T L，Backer L F，Hofman V L，et al. Evaluation of sugarbeet yield sensing systems operating concurrently on a harvester［C］//Proceedings of the Fourth International Conference on Precision Agriculture（Part A）. 19-22 July，St Paul，Minnesota，part A. 1999.

［35］Brown S. Efficient harvester operation［J］. British Sugar Beet Review，2001，69（3）：12-13.

［36］薛丽萍，赵战胜．影响甜菜收获株数的主要因素及解决途径［J］．新疆农业科技，2000（6）：12.

［37］王燕飞，董心久，杨洪泽．糖用甜菜高产高糖栽培技术［M］．乌鲁木齐：新疆科学技术出版社，2012.

［38］周建朝．甜菜科学种植指南［M］．北京：中国农业出版社，2009.

［39］王建楠，胡志超，彭宝良，等．国内外甜菜全程机械化生产现状与趋势［J］．农业机械，2009（6）：60-62.

［40］遇琦．甜菜［M］．内蒙古人民出版社，1984.

［41］吉林省农业展览馆．甜菜［M］．吉林：吉林人民出版社，1960.

［42］Jaggard K W，Limb M，Proctor G H. Sugar Beet Grower's Guide［M］. London：The Sugar Beet Research and Education Committee，1995.

［43］张景楼，赵伟锋，张宇航，等．甜菜不同配置方式种植的试验效果［J］．中国甜菜糖业. 2008（3）：54-55.

［44］卢秉福，张祖立．甜菜生产机械化的研究进展及发展趋势［J］．新疆农机化，2010（6）：50-52.

［45］中国作物学会. 作物学学科发展报告2014—2015版［M］.北京：中国科学技术出版

社，2016.

[46] 卢秉福. 甜菜收获机械作业质量管控研究 [J]. 中国糖料，2018，40（5）：53-55，61.

[47] 许桥良，周艳丽，卢秉福. 甜菜机械化收获与土壤损失 [J]. 中国糖料，2017，39（1）：54-56.

[48] 卢秉福，孙士明，韩宏宇，等. 甜菜生产机械化 [M]. 哈尔滨：黑龙江大学出版社，2015.

[49] 张富国. 对修订甜菜机械收获质量标准的建议 [J]. 新疆农机化，1997（6）：26.

[50] Lilleboe Don. 12-Row digger makes debut [J]. The Sugarbeet Grower，2003，41（6）：4-5.

[51] 孙建海，商宪富，刘英华，等. 甜菜生产全程机械化模式初探 [J]. 现代化农业，2013（3）：47-48.

[52] 吴晓莉，谢民生. 伊犁州甜菜生产全程机械化技术 [J]. 农机市场，2012（8）：32-33.

[53] 谢民生. 对伊犁州甜菜收获机械化发展的探讨 [J]. 新疆农机化，2011（5）：9-10.

[54] 熊学海，井双泉，关长明，等. 甜菜机械化收获初报 [J]. 新疆农机化，2009（4）：42-43.

[55] 殷岗. 甜菜生产全程机械化势在必行 [J]. 农机科技推广，2013（7）：35-36.

[56] Demmel M，Auernhammer H. Automated process data acquisition - the use of electronics in sugarbeet harvesting [J]. Landtechnik，1998，53（3）：144-145.

[57] Lilleboe Don. This 12-row harvester is a hybrid [J]. The Sugarbeet Grower，2003，41（6）：6-7.

[58] Smed E. Sugar loss in beet tails as related to the morphology and the shear strength of the beet [J]. Zuckerindustrie，1998，123（2）：128-134.

[59] 法国甜菜收获机械简介 UGM 933 六行甜菜挖掘—装载机 [J]. 甜菜糖业，1986（4）：56.

[60] 法国甜菜收获机械简介 COMPACTE 830 甜菜捡拾装载机 [J]. 甜菜糖业，1986（4）：56.

[61] 周兆芳，谷思玉. 甜菜全程机械化几大关键技术要点 [J]. 现代化农业，2013（9）：15-17.

[62] 范素香，侯书林，赵匀. 国内外甜菜生产全程机械化概况 [J]. 农机化研究，2011（3）：12-15.

[63] 王建楠，胡志超，彭宝良，等. 国内外甜菜全程机械化生产现状与趋势 [C] // 国内外甜菜全程机械化生产现状与趋势. 2010 国际农业工程大会，亚洲农业工程学会、中国农业机械学会、全国农业机械标准化技术委员会、中国农业工程学会，中国上海. 2010.

[64] Smith John. Nebraska Narrow Rows [J]. The Sugarbeet Grower，2004，42（2）：14-17.

[65] 124 团引进全自动甜菜收获机 [J]. 新疆农机化，2008（5）：11.

[66] 阿明. 具有先进技术的芬兰甜菜收获机 [J]. 农业机械，1999（7）：25.

[67] 刘金锁，姜贵川，李建东，等. 甜菜收获机现状与发展趋势 [J]. 农业机械，2012（26）：13-15.

[68] 谢民生. 伊犁州引进西班牙马塞甜菜收获机收获试验分析 [J]. 农业机械，2009（13）：63.

[69] 谢民生. 伊犁州甜菜收获机械化现状与发展探讨 [J]. 农业机械，2011（16）：97-99.

［70］张福山，张世忠，陈琪，等．法国四驱全自动甜菜收获机简介［J］．现代化农业，2009（5）：35.

［71］易东山，芦珍林．德荷马甜菜收获机的机械性能及使用［J］．新疆农垦科技，2007（4）：46-47.

［72］关鲁兴，谢民生．甜菜机械化收获配套技术及效益分析［J］．新疆农机化，2011（4）：44-44，63.

［73］张海云．全功能甜菜收割机 MAXTRON 620 的剖析［J］．农业技术与装备，2008（6）：37-39.

［74］MAXTRON 620：Gives you more［EB/OL］．http：//www．grimme．de/cn/09/produkte/ueben-technik/maxtron_ 620. php. 2013-11-29.

［75］REXOR 620：2010 年度机［EB/OL］．http：//www．erfolg-ernten．de/cn/09/produkte/rue-bentechnik/rexor. php. 2014-3-29.

［76］范金来．法国甜菜收获机械简介［J］．甜菜糖业，1986（3）：49-50.

［77］孙宝庄．甜菜收获机械［J］．粮油加工与食品机械，1979（Z1）：114-118.

［78］谢民生．伊犁州引进西班牙马塞甜菜收获机收获试验分析［J］．农业机械，2009（14）：78.

［79］韩长杰，尹文庆，杨宛章，等．甜菜机械化收获方式分析与探讨［J］．中国农机化，2012（1）：71-74.

［80］秦朝民．德国司多尔 V-100 型单行甜菜联合收获机［J］．农业机械，2000（5）：35.

［81］陈更新．美国甜菜收获机落户新疆兵团 22 团［J］．农业开发与装备，2007（10）：32.

［82］熊学海，井双泉，关长明，等．甜菜机械化收获初报［J］．新疆农机化，2009（4）：42-43.

［83］谢民生．伊犁引进西班牙马塞甜菜收获机［J］．农机科技推广，2009（4）：59.

［84］谢民生．新疆伊犁示范大型甜菜收获机［J］．农机市场，2009（9）：39.

［85］王淑华．日本 BSR-575 型甜菜收获机在应用中存在问题及解决方法［J］．新农民，2011（6）：100-101.

［86］北京外国农业机械展览会农林系统技术交流会．外国农机样本选编［M］．北京：农业出版社，1981.

［87］沈玉晶．斯坦顿挖掘轮式甜菜收获机［J］．粮油加工与食品机械，1982（1）：60-61.

［88］黑龙江省农业机械化研究所国外甜菜机械调研组．世界几个主要国家甜菜生产机械化现状及发展趋势［J］．粮油加工与食品机械，1985（5）：1-8.

［89］卢秉福，张祖立．甜菜生产机械化的研究进展及发展趋势［J］．农机化研究，2007（1）：59-62.

［90］甜菜分段式收获机在我国发展前景分析［J］．新疆农机化，2010（6）：53-54.

［91］专家研制出新型甜菜联合收获机［J］．科学种养，2013（1）：63.

［92］李芳芳，李智勇．甜菜收获呼唤机械化［J］．农业科技推广，2007（8）：35.

［93］卢秉福，耿贵，周艳丽．甜菜收获机械化茎叶切削技术［J］．中国糖料，2012（3）：60-62，65.

[94] 马炳芬. 甜菜收获机在昌吉市的推广与应用 [J]. 农业机械, 2012 (32): 68.

[95] 孙志宏, 王富华, 王崇, 等. 基于分段式甜菜收获机的研究 [J]. 农业机械, 2013 (22): 153-155.

[96] 谭北雁. 甜菜分段式收获机在我国发展前景分析 [J]. 农业机械, 2010 (12): 104-106.

[97] 汪铁锁, 王永志. 甜菜收获机致富好帮手 [J]. 新疆农机化, 2012 (5): 63.

[98] 吴惠昌, 胡志超, 彭宝良, 等. 牵引式甜菜联合收获机自动对行系统研制 [J]. 农业工程学报, 2013 (12): 17-24.

[99] 杨峰, 祁秀红, 王丽洁. 甜菜深松挖掘机 [J]. 新疆农机化, 2007 (4): 27.

[100] 李斌, 徐正太. 4TW-4 型甜菜挖掘机 [J]. 新疆农机化, 1997 (3): 13.

[101] 李福海, 冯林, 王国俊. 甜菜收获机的研制 [J]. 中国甜菜, 1980 (3): 43-49.

[102] 王剑. 4TW-2 型甜菜块根收获机 [J]. 农业机械, 1999 (6): 30.

[103] 席振东. 农民肖哲琴研制小型甜菜收获机获得成功 [J]. 新疆农机化, 1998 (6): 24.

[104] 吉林省双辽县农机其研究所. 甜菜收获机的研制 [J]. 甜菜糖业, 1977 (2): 37-39.

[105] 董一忱. 甜菜栽培 [M]. 北京: 农业出版社, 1982.

[106] 卢秉福, 范有君, 冯林. 农甜 4TW-2 型甜菜挖松机的研究 [J]. 粮油加工与食品机械, 1989 (4): 5-9.

[107] 陈忠彦, 亢诚, 白丽丽. 4TW-2 型甜菜块根收获机简介 [J]. 现代化农业, 1997 (7): 28.

[108] 陈忠彦, 马常华. 4TW-2 型甜菜挖掘机的研制与改进 [J]. 现代化农业, 1983 (3): 19-21.

[109] 赵国春. 黑龙江省九三农场管局研制成 4TW-3 型甜菜挖掘机 [J]. 中国甜菜, 1983 (1): 57.

[110] 付胜利. 4TSL-2 型甜菜收获机的研究与设计 [J]. 农村牧区机械化, 2007 (2): 32-33.

[111] 王方艳, 王东伟. 4TSQ-2 型甜菜切顶机设计及试验 [J]. 农业工程学, 2020, 36 (2): 64-72.

[112] 贾首星, 汤智辉, 谢建华, 等. 4TWZ-4 型甜菜收获机的研制 [J]. 新疆农机化, 2002 (4): 48-50.

[113] 金善宝. 现代农艺师手册 [M]. 北京: 北京出版社, 1989.

[114] 马彰. 中国甜菜糖业发展史料 [M]. 辽宁: 辽宁人民出版社, 1986.

[115] 常州汉森机械有限公司. 汉美 4TW-2 甜菜起拔机 [EB/OL]. http://www.nongji360.com/company/shop3/product_319626_274170.shtml. 2013-11-30.

[116] 黑龙江省博兴机械制造有限公司. 产品展示 [EB/OL]. http://boxingjixie.cn.99114.com/Company.shtml. 2013-11-29.

[117] 贾首星, 陈学庚, 汤智辉, 等. 4TJ-4 型甜菜挖掘集条机 [J]. 农业机械, 2000 (8): 36.

[118] 刘丽华. 4TWJ-2 型甜菜挖掘集条机与 4TWS-4 型甜菜挖松机的分析对比 [J]. 甜菜糖业, 1984 (2): 63-64, 62.

[119] 林照. 龙糖 4TQ-2 甜菜切顶集堆机和龙糖 4TW-2 挖掘集堆收获机研制成功 [J]. 甜菜糖

业，1981（1）：65.

[120] 吉林省长春市农机研究所，吉林省农安县农机研究所，吉林省农安县哈拉海农机修配厂 . "4TW-2" 甜菜挖掘机的研制 [J]. 甜菜糖业，1978（2）：24-27.

[121] 吉林省长春市农业机械研究所 . "4TW-2" 甜菜挖掘机和 "4TQ-140" 甜菜切缨机简介 [J]. 中国甜菜，1980（3）：50-51.

[122] 宋春波，辛福志，韩成全，等 . 4TS-2C 型覆膜甜菜收获机的研究与设计 [J]. 现代化农业，2018（6）：67-68.

[123] 熊文江，周成，吴显斌 . 4TL-2 型甜菜收获机技术性能简介 [J]. 现代化农业，2014（2）：58-59.

[124] 李建东，杨薇，刘金锁，等 . 一种牵引式甜菜联合收获机及其控制系统，CN102498818A [P]. 2011-10-13.

[125] 李卫，李书涵，孙先鹏，等 . 一种甜菜收获机，CN102124859A [P]. 2011-01-06.

[126] 彭宝良，胡志超，顾峰玮，等 . 具有自清理功能的甜菜收获机仿形切顶机构，CN103039174A [P]. 2012-12-26.

[127] 李永录，李占富，录王 . 甜菜收获机，CN101554109 [P]. 2009-05-22.

[128] 张东兴，王方艳，苏益明，等 . 一种甜菜联合收获机，CN102860168A [P]. 2012-09-26.

[129] 王辉 . 自捡式甜菜装载机，CN102918996A [P]. 2012-10-06.

[130] 农业部农垦局，中国农垦发展中心 . 收获机械 [M]. 北京：中国农业出版社，2009.

[131] 张万军 . 新疆甜菜机械化收获现状及建议 [J]. 农业技术与装备，2013（9）：59-61.

[132] 徐涛，石铁，具本弘，等 . 甜菜收获机，CN202385492U [P]. 2011-08-01.

[133] 王申莹，胡志超，张会娟，等 . 国内外甜菜生产与机械化收获分析 [J]. 中国农机化学报，2013，34（3）：20-25.

[134] 王汉武 . 甜菜收获机挖掘装置，CN201238468 [P]. 2008-08-16.

[135] 卢秉福，耿贵，周艳丽 . 甜菜块根收获机械化技术 [J]. 中国糖料，2013（2）：65-67，69.

[136] 李纯伟 . 一种甜菜收获机，CN202931786U [P]. 2012-12-20.

[137] 苟爱梅 . 甜菜切顶机的结构设计 [J]. 新疆职业大学学报，2012，20（2）：75-77，80.

[138] 陈学庚，贾首星，王序俭，等 . 浅谈甜菜收获机械化 [J]. 新疆农垦科技，1999（3）：31-32.

[139] 张忠武，张树宝，赵东升 . 甜菜生产全程机械化探索 [J]. 农机使用与维修，2008（5）：82-83.

[140] 高尔光 . 耕种机械化技术与机具的发展趋势（上）[J]. 农业机械，2008（5）：23-25.

[141] 卢秉福，张祖立 . 甜菜生产机械化的发展趋势 [J]. 农机质量与监督，2007（5）：15-17.

[142] 计福来，张会娟，胡志超，等 . 甜菜种植与机械化收获概况 [J]. 农机化研究，2009（4）：234-236，240.

[143] 蒋思臣 . 农业生产机械化 [M]. 北京：中国农业出版社，2003.

[144] 桑正中 . 农业机械学（上册）[M]. 北京：机械工业出版社，1988.

[145] Синеоков Г Н，Панов И М．土壤耕作机械的理论和计算［M］．北京：中国农业机械出版社，1981．

[146] 中国糖业协会组织．食糖制造工：提汁［M］．北京：中国轻工业出版社，2009．

[147] 张立军．高糖甜菜高产栽培技术［M］．延吉：延边人民出版社，2009．

[148] 倪洪涛，吴则东．甜菜品种及其评价［M］．北京：化学工业出版社，2011．

[149] Coutts R H A，Linton D J，Bolwell G P．Patterns of protection synthesis in infected and stressed sugar beet［J］．Phytopathology，1994（142）：74-82．

[150] 刘建军，宋建农，陆建伟，等．大蒜物理力学特性的试验研究［J］．农机化研究，2008（2）：125-128．

[151] 刘百顺，王春光，郭文斌．甜菜机械特性的研究［J］．农机化研究，2007（6）：102-104，110．

[152] 韩凤，陈海涛，任珂珂，等．北方胡萝卜的物理力学特性研究［J］．东北农业大学学报，2012（5）：36-41．

[153] 陈海涛，任珂珂，余嘉．北方垄作萝卜物理力学特性［J］．农业工程学报，2010（6）：163-169．

[154] Bentini M，Caprara C，Rondelli V．Mechanical properties of sugar beet roots［J］．Transactions of the ASAE，2005（5）：1429-1439．

[155] Bouzara，Hazcs，Vorobiev．Solid liquid expression of celluar materials enchanced by pulsed electric field Eugene［J］．Chemical Engineering & Processing，2003，42（4）：249-258．

[156] 魏延富．机电伺服触觉式秸秆导向系统试验研究［D］．北京：中国农业大学，2005．

[157] 张文彤，董伟．SPSS 统计分析高级教程［M］．2 版．北京：高等教育出版社，2013．

[158] 谢蕾蕾，宋志刚，何旭洪．SPSS 统计分析实用教程［M］．北京：人民邮电出版社，2013．

[159] 王周伟，朱敏．SPSS 统计分析与综合应用［M］．上海：上海交通大学出版社，2012．

[160] 王璐，王沁．统计软件 SPSS 完全学习手册与实战精粹［M］．北京：化学工业出版社，2013．

[161] 王济平．SPSS 简明操作教程以案例分析为导向［M］．武汉：湖北科学技术出版社，2012．

[162] 陈胜可．SPSS 统计分析从入门到精通［M］．北京：清华大学出版社，2013．

[163] 赵久然，郭景伦，郭强，等．玉米不同品种基因型穗粒数及其构成因素相关分析的研究［J］．北京农业科学，1997（6）：2-3．

[164] 王广鹏，孔德军，刘庆香．板栗单株产量的主要影响因素相关分析及通径分析［J］．安徽农业科学，2008（4）：1281，1304．

[165] 伊尚武，陈连江，许群．甜菜优质高产高糖栽培技术［M］．北京：中国农业科技出版社，2001．

[166] 曲文章．中国甜菜学［M］．哈尔滨：黑龙江人民出版社，2003．

[167] 伊尚武，陈连江，许群．甜菜丰产栽培实用技术［M］．北京：台海出版社，2001．

[168] Maskooki A，Eshtiaghi M N．Impact of pulsed electric field on cell disintegration and mass

transfer in sugar beet [J]. Food and Bioproducts Processing, 2012, 90 (3): 337-384.

[169] Grimi Nabil, Vorobiev Eugene, Lebovka Nikolaie, et al. Solid-liquid expression from denaturated plant tissue: Filtration-consolidation behaviour [J]. Journal of Food Engineering, 2010, 96 (1): 29.

[170] Skalicky J. Research of sugar-beet tubers mechanical properties [J]. Research in Agricultural Engineering, 2003, 49 (3): 80-84.

[171] Bentini M, Caprara C, Rondelli V. Mechanical properties of sugar beet roots [J]. Transactions of the ASAE, 2005, 48 (4): 1429-1439.

[172] Mhemdi Houcine, Bals Olivier, Grimi Nabil. Filtration diffusivity and expression behaviour of thermally and electrically pretreated sugar beet tissue and press-cake [J]. Separation and Purification Technology, 2012, 95: 118-125.

[173] 宗哲英, 闫文刚, 马彦华. 压缩速度对农业物料压缩过程影响的试验研究 [J]. 湖北农业科学, 2010 (7): 1716-1718.

[174] 张洪霞. 加载速度对萝卜力学特性影响的试验研究 [J]. 黑龙江八一农垦大学学报, 2003 (4): 46-49.

[175] 吴杰, 盛奎川. 切碎棉秆压缩成型及物理特性的试验研究 [J]. 石河子大学学报 (自然科学版), 2003 (3): 235-238.

[176] 吴杰, 黄勇, 王艳云, 等. 棉秆轴向压缩特性的试验研究 [J]. 农机化研究, 2004 (4): 148-149, 152.

[177] 苏工兵, 刘剑英, 程世俊, 等. 苎麻茎秆的力学性能及力学建模方法 [J]. 农机化研究, 2007 (8): 25-27.

[178] 苏工兵, 刘俭英, 王树才, 等. 苎麻茎秆木质部力学性能试验 [J]. 农业机械学报, 2007 (5): 62-65.

[179] 沈晓阳, 王平, 蒋升, 等. 棉秆压缩与剪切力学性能的研究 [J]. 农机化研究, 2010 (9): 155-158.

[180] 马晓光, 贺俊林, 胡娟. 玉米秸秆压缩变形与应力试验研究 [J]. 农机化研究, 2012 (1): 181-184.

[181] 刘兆朋, 谢方平, 吴明亮, 等. 苎麻成熟期底部茎秆的机械物理特性参数研究 [J]. 湖南农业大学学报 (自然科学版), 2011 (3): 329-332.

[182] 刘庆庭, 区颖刚, 卿上乐, 等. 甘蔗茎秆在扭转、压缩、拉伸荷载下的破坏试验 [J]. 农业工程学报, 2006 (6): 201-204.

[183] 廖宜涛, 廖庆喜, 田波平, 等. 收割期芦竹底部茎秆机械物理特性参数的试验研究 [J]. 农业工程学报, 2007 (4): 124-129.

[184] 廖娜, 韩鲁佳, 黄光群, 等. 含水率和压缩频率对秸秆开式压缩能耗的影响 [J]. 农业工程学报, 2011 (S1): 318-322.

[185] 梁莉, 郭玉明. 作物茎秆生物力学性质与形态特性相关性研究 [J]. 农业工程学报, 2008 (7): 1-6.

[186] 姜松, 姜奕奕, 施小燕, 等. 弹性材料后屈曲形变参数和弹性模量测定仪 [J]. 农业机

械学报，2013（4）：152-156.

[187] 姜松，黄广凤，刘瑞霞，等. 压杆后屈曲法测定直条米线弹性模量［J］. 农业工程学报，2011（1）：360-364.

[188] 黄海东，李继波，廖庆喜. 收割期苎麻底部茎秆剪切的机械物理特性与参数［J］. 华中农业大学学报，2008（3）：453-455.

[189] 何晓莉，吴晓强，张立峰，等. 大豆茎秆压缩力学特性的研究［J］. 农机化研究，2010（11）：164-169.

[190] 冯能莲. 苹果在静载作用下的损伤规律［J］. 安徽农业大学学报，1996（1）：55-58.

[191] 冯能莲. 苹果在静载作用下的变形规律［J］. 安徽农业大学学报，1995（2）：168-172.

[192] 杨望，杨坚，郑晓婷，等. 木薯力学特性测试［J］. 农业工程学报，2011（S2）：50-54.

[193] 刘志云，温吉华. 大豆弹性模量的测量与研究［J］. 粮食储藏，2010（3）：27-30.

[194] 郭玉明，袁红梅，阴妍，等. 茎秆作物抗倒伏生物力学评价研究及关联分析［J］. 农业工程学报，2007（7）：14-18.

[195] 肖怀秋，刘洪波. 试验数据处理与试验设计方法［M］. 北京：化学工业出版社，2013.

[196] 何映平. 试验设计与分析［M］. 北京：化学工业出版社，2013.

[197] 尚文艳，瞿宏杰，李菊艳. 试验设计与统计方法［M］. 武汉：华中科技大学出版社，2012.

[198] 何为，唐斌，薛卫东. 优化试验设计方法及数据分析［M］. 北京：化学工业出版社，2012.

[199] 中国农业机械化科学研究院. 农业机械设计手册（下）［M］. 北京：机械工业出版社，1990.

[200] 中国农机研究院. 农业机械设计手册（下）［M］. 北京：中国农业科学技术出版社，2007.

[201] 中国科学技术情报研究所重庆分所. 国外收获机械专辑［M］. 北京：科学技术文献出版社，1975.

[202] 李宝筏. 农业机械学［M］. 北京：中国农业出版社，2003.

[203] 沈瀚，秦贵. 收获机械［M］. 北京：中国大地出版社，2009.

[204] 农业部农垦局，中国农垦发展中心. 收获机械［M］. 北京：中国农业出版社，2009.

[205] 卡那沃依斯基. 收获机械［M］. 曹崇文，译. 北京：农业机械出版社，1983.

[206] 季坚柯. 蔬菜收获机械［M］. 北京市农业机械研究所情报室，译. 北京：中国农业机械出版社，1982.

[207] 黄仁楚. 营林机械理论与计算［M］. 北京：中国林业出版社，1996.

[208] 陈志. 农业机械化工程国际农业工程学会农业工程手册农业工程手册［M］. 北京：中国科学技术出版社，2005.

[209] 江苏工学院. 农业机械学（上册）［M］. 北京：中国农业机械出版社，1981.

[210] McKyes E, Ali O S. The cutting of soil by narrow blades［J］. Journal of Terramechanics, 1977, 14（2）：43-58.

[211] Hettiaratchi D R P, Reece A R. Symmetrical three-dimensional soil failure［J］. Journal of

Terramechanics, 1967, 4 (3): 45-67.

[212] Perumpral J V, Grisso R D, Desai C S. A soil-tool model based on limit equilibrium analysis [Mathematical, tillage tool performance in soils] [J]. Transactions of the ASAE [American Society of Agricultural Engineers], 1983: 26.

[213] Hettiaratchi D R P, Reece A R. The calculation of passive soil resistance [J]. Geotechnique, 1974, 24 (3): 289-310.

[214] McKyes Edward. Soil cutting and tillage [M]. Access Online via Elsevier, 1985.

[215] Rajaram G, Gee-Clough D. Force-distance behaviour of tine implements [J]. Journal of Agricultural Engineering Research, 1988, 41 (2): 81-98.

[216] Abo-Elnor Mootaz, Hamilton R, Boyle J T. 3D Dynamic analysis of soil-tool interaction using the finite element method [J]. Journal of Terramechanics, 2003, 40 (1): 51-62.

[217] 曾德超. 机械土壤动力学 [M]. 北京: 北京科学技术出版社, 1995.

[218] 中国力学学会办公室, 中国农业工程学会办公室. 应用于耕具阻力预测中的力学方法 [C] //力学与农业工程农业工程中的力学问题研讨会论文集. 北京: 科学出版社. 1994.

[219] 邓恩 (I. S. Dunn). 土工分析基础 [M]. 孔德坊, 译. 北京: 地质出版社, 1984.

[220] 仲崇梅. 土力学 [M]. 北京: 中国电力出版社, 2011.

[221] 刘忠玉. 土力学及地基基础 [M]. 郑州: 郑州大学出版社, 2012.

[222] 冯志焱. 土力学与基础工程 [M]. 北京: 冶金工业出版社, 2012.

[223] 陈书申, 陈晓平. 土力学与地基基础 [M]. 武汉: 武汉理工大学出版社, 2012.

[224] 曹卫平. 土力学 [M]. 北京: 北京大学出版社, 2011.

[225] [美] 卡拉费斯 (Karafiath, L. L.) [美] 诺瓦茨凯 (Nowatzk, E. A.). 越野车辆工程土力学 [M]. 张克健, 王瑞麟, 译. 北京: 机械工业出版社, 1986.

[226] 地质矿产部广州海洋地质调查局情报研究室. 南海地质研究 5 [M]. 武汉: 中国地质大学出版社, 1993.

[227] 徐光璧. 工程机械 [M]. 北京: 中国水利水电出版社, 1995.

[228] 熊岳农业专科学校. 作物栽培 [M]. 沈阳: 辽宁科学技术出版社, 1986.

[229] 李振陆. 作物栽培 [M]. 北京: 中国农业出版社, 2002.

[230] 张胜利, 吴祥云. 水土保持工程学 [M]. 北京: 科学出版社, 2012.

[231] 胡广录. 水土保持工程 [M]. 北京: 中国水利水电出版社, 2002.

[232] [日] 驹村富士弥. 水土保持工程学 [M]. 李一心, 译. 沈阳: 辽宁科学技术出版社, 1986.

[233] 江苏宁沪高速公路股份有限公司, 海河大学. 交通土建软土地基工程手册 [M]. 北京: 人民交通出版社, 2001.

[234] [日] 松冈元. 土力学 [M]. 罗汀, 姚仰平, 编译. 北京: 中国水利水电出版社, 2001.

[235] 邢静忠, 王永岗. 有限元基础与 ANSYS 入门 [M]. 北京: 机械工业出版社, 2005.

[236] 商跃进. 有限元原理与 ANSYS 应用指南 [M]. 北京: 清华大学出版社, 2005.

[237] 江克斌, 屠义强, 邵飞. 结构分析有限元原理及 ANSYS 实现 [M]. 北京: 国防工业出

版社，2005.

[238] 苏荣华，梁冰. 工程结构分析 ANSYS 应用 [M]. 沈阳：东北大学出版社，2012.

[239] 李兵，何正嘉，陈雪峰. ANSYS Workbench 设计、仿真与优化 [M]. 北京：清华大学出版社，2008.

[240] 李兵. ANSYS Workbench 设计、仿真与优化 [M]. 北京：清华大学出版社，2011.

[241] 许京荆. ANSYS 13.0 Workbench 数值模拟技术 [M]. 北京：中国水利水电出版社，2012.

[242] 浦广益. ANSYS Workbench 基础教程与实例详解 [M]. 2 版. 北京：中国水利水电出版社，2013.

[243] 凌桂龙，丁金滨，温正. ANSYS Workbench 13.0 从入门到精通 [M]. 北京：清华大学出版社，2012.

[244] 李兵，何正嘉，陈雪峰. ANSYS Workbench 设计、仿真与优化 [M]. 北京：清华大学出版社，2013.

[245] 黄志新，刘成柱. ANSYS Workbench 14.0 超级学习手册 [M]. 北京：人民邮电出版社，2013.

[246] 高耀东. ANSYS Workbench 机械工程应用精华 30 例 [M]. 北京：电子工业出版社，2013.

[247] Keicher R, Seufert H. Automatic guidance for agricultural vehicles in Europe [J]. Computers and Electronics in Agriculture, 2000 (25): 169-194.

[248] O' Connor M, Bell T, Elkaim G, et al. Automatic steering of farm vehicles using GPS [J]. Paper presented at the 3rd International Conference on Precision Agriculture, 1996 (6): 23-26.

[249] Reid John F, Zhang Qin, Noboru Noguchi, et al. Agricultural automatic guidance research in North America [J]. Computers and electronics in agriculture, 2000 (25): 155-167.

[250] 张智刚，罗锡文，周志艳，等. 久保田插秧机的 GPS 导航控制系统设计 [J]. 农业机械学报，2001 (2): 27-29.

[251] 冯雷. 基于 GPS 和传感技术的农用车辆自动导航系统的研究 [D]. 杭州：浙江大学，2004.

[252] Stombaugh T S, Benson E R, Hummel J W. Automatic guidance of agricultural vehicles at high field speeds [J]. ASAE Paper, 1998, 12: 537-544.

[253] Tillett N D, Hague T. Computer-vision-based hoe guidance for cereals—an initial trial [J]. Journal of Agricultural Engineering Research, 1999, 74 (3): 225-236.

[254] Han S, Zhang Q, Ni B, et al. A guidance directrix approach to vision-based vehicle guidance systems [J]. Computers and electronics in Agriculture, 2004, 43 (3): 179-195.

[255] Gerrish J B, Fehr B W, Van Ee G R, et al. Self-steering tractor guided by computer-vision [J]. Applied Engineering in Agriculture, 1997, 13: 559-563.

[256] Reid J, Searcy S. Vision-based guidance of an agriculture tractor [J]. Control Systems Magazine, IEEE, 1987, 7 (2): 39-43.

[257] Brandon J Robert, Searcy Stephen W. Vision assisted tractor guidance for agricultural vehicles [J]. SAE transactions, 1992, 101 (2): 347-363.

[258] Ollis Mark, Stentz Anthony. Vision-based perception for an automated harvester [C] // Vision-based perception for an automated harvester. Intelligent Robots and Systems, 1997 IROS'97, Proceedings of the 1997 IEEE/RSJ International Conference on. IEEE, 1997, 3: 1838-1844.

[259] Reid John F, Zhang Qin, Noguchi Noboru, et al. Agricultural automatic guidance research in North America [J]. Computers and electronics in agriculture, 2000, 25 (1): 155-167.

[260] 章毓晋. 图像理解与计算机视觉 [M]. 北京:清华大学出版社, 2004.

[261] 杨为民, 李天石, 贾鸿社. 农业机械机器视觉导航研究 [J]. 农业工程学报, 2004 (1): 160-165.

[262] 周俊, 刘成良, 姬长英. 农业机器人视觉导航的预测跟踪控制方法研究 [J]. 农业工程学报, 2004, 11: 106-109.

[263] 周俊. 农用轮式移动机器人视觉导航系统的研究 [D]. 南京:南京农业大学, 2003.

[264] Chang Hyun Choi, SeongIn Cho. Automatic guidance system for combine using DGPS and machine vision [C] // Automatic guidance system for combine using DGPS and machine vision. 2000 ASAE Annual International Meeting, Milwaukee, Wisconsin, USA, 9-12 July 2000. American Society of Agricultural Engineers, 2000: 1-13.

[265] Chateau T, Debain C, Collange F, et al. Automatic guidance of agricultural vehicles using a laser sensor [J]. Computers and Electronics in Agriculture, 2000, 28 (3): 243-257.

[266] Keicher R, Seufert H. Automatic guidance for agricultural vehicles in Europe [J]. Computers and electronics in agriculture, 2000, 25 (1): 169-194.

[267] Satow T, Matsuda K, Ming S B, et al. Development of laser crop row sensor for automatic guidance system of implements [C] //Proceedings of the American Society of Agricultural and Biological Engineers, 2004.

[268] Toda M, Kitani O, Okamoto T, et al. Navigation method for a mobile robot via sonar-based crop row mapping and fuzzy logic control [J]. Journal of Agricultural Engineering Research, 1999, 72 (4): 299-309.

[269] Company Sukup Manufacturing. Guidance systems [EB/OL]. http://www.sukup.com/guid.htm.

[270] Inc Orthman Manufacturing. Automatic Guidance Control System-tracker Ⅳ Implement Guidance System [EB/OL]. http://www.Orthman.com/html/603/tracker-Ⅳ.html.

[271] 陈文良, 宋正河, 毛恩荣. 拖拉机自动驾驶转向控制系统的设计 [J]. 华中农业大学学报, 2005 (10): 57-62.

[272] 陈琪, 徐林林. 产品开发与虚拟设计制造技术 [J]. 机械产品开发与创新, 2002 (3): 4.

[273] 李增刚. ADAMS 入门详解与实例 [M]. 北京:国防工业出版社, 2006.

[274] 刘宏增, 黄靖远. 虚拟设计 [M]. 北京:机械工业出版社, 1999.

[275] 徐春梅. 4MSC-3000 采棉机传动系统的设计及动力学研究 [D]. 新疆:新疆大学, 2011.

[276] 蒲明辉，吴江. 基于 ADAMS 的甘蔗柔性体模型建模研究 [J]. 系统仿真学报，2009，21（7）: 3.

[277] 陈立平，张云清，任卫群，等. 机械系统动力学及 ADAMS 应用教程 [M]. 北京: 清华大学出版社，2006.

[278] 陈军. MSC. ADAMS 技术与工程分析实例 [M]. 北京: 中国水利水电出版社，2008.

后　记

作者在 2001 年接触和认识了甜菜，机缘巧合 2011 年师从中国农业大学张东兴教授开始研究甜菜收获机械，并于 2016 年在国家自然科学基金的资助下延续了甜菜挖掘收获装置的研究。随着对甜菜生产技术及装备的研究，作者深深地爱上了它，并逐渐认识到专业书籍的重要性及必要性。鉴于此，作者整理了部分研究成果，希望能够系统研究甜菜生产装备，实现关键技术国产化，完成甜菜生产的全程机械化。因受制于时间和经费，成果只得阶段性完成，今后将陆续出版一系列甜菜机械化的书籍，便于读者学习及参考。

本书内容是作者博士研究阶段成果及国家自然科学基金项目成果的融合，是对根茎类作物生产模式、技术、理论及实践研究的积淀，是对我国甜菜机械化生产发展历程、收获方式、技术及装备等的阐述及分析。本书研究内容得到了中国农业大学张东兴教授和青岛农业大学尚书旗教授的帮助与指导，得到了河北固安柳泉弹簧厂胡国勇经理、河北省石家庄市张北县博天糖业有限公司陈燕经理、依安县勇强农机具制造有限公司刘凤勇经理的大力支持。同时，青岛农业大学"攀峰科研创新"团队的学生也付出了艰辛的劳作，为资料搜集和撰写提供了帮助。在农机人不计得失、不计成本、任劳任怨、笃行务实的精神下，实现了研究内容及成果的不断提升和完善。在此，感谢所有对本书内容及成果辛勤付出的老师、朋友和学生。

本书从准备资料到完成撰写用了 8 年的时间，本计划待国家"十三五"重点研发计划项目完成后，完善提升研究内容的广度和深度后再出版。但因考虑甜菜产业发展的需要及国家甜菜机械化的发展趋势，只得先期抛砖引玉，希望本研究成果引起国家相关部门及社会各界的重视。期盼我国能够从标准化种植、甜菜种子繁育等基础出发，增强主动滚动挖掘技术、微量切削技术及回转清选技术等基础研究内容，推动自走式甜菜联合收获机的研发。同时，本书献给像父亲般关心爱护我的张东兴教授，感谢他长期无微不至的帮助和指导。

最后，愿农机人一家亲，加快实现农业生产现代化。

作　者

2020 年 3 月于青岛